电场诱导石墨烯基导电复合材料

曲兆明　陈亚洲　袁　扬　李宏飞　著

哈爾濱工業大學出版社

内 容 简 介

石墨烯基复合材料经过特定的设计能够在电场诱导下产生非线性导电特性,有望应用于具有电磁信息收/发功能的电子信息设备的自适应电磁脉冲防护。本书介绍了几种以石墨烯为核心的掺杂型聚合物基复合材料在电场诱导下的非线性导电行为,从材料微观结构建模、仿真计算、工艺参数优化及材料制备等多个方面,系统论述了此类石墨烯基复合材料的制备方法及场致导电性能调控技术,给出了具有一定参考价值的研究结果。

本书可供从事电磁兼容与电磁防护技术的研究人员、导电复合材料的开发人员和科研人员参考,也可作为高等院校材料科学及电磁兼容等专业研究生的教材或参考书。

图书在版编目(CIP)数据

电场诱导石墨烯基导电复合材料/曲兆明等著.
—哈尔滨:哈尔滨工业大学出版社,2024. 8. --ISBN
978-7-5767-1582-8

Ⅰ. ①TB838

中国国家版本馆 CIP 数据核字第 2024ZV6594 号

策划编辑　薛　力
责任编辑　薛　力
封面设计　刘　乐
出版发行　哈尔滨工业大学出版社
社　　址　哈尔滨市南岗区复华四道街 10 号　邮编 150006
传　　真　0451-86414749
网　　址　http://hitpress. hit. edu. cn
印　　刷　哈尔滨市工大节能印刷厂
开　　本　787mm×1092mm　1/16　印张 9　字数 233 千字
版　　次　2024 年 8 月第 1 版　2024 年 8 月第 1 次印刷
书　　号　ISBN 978-7-5767-1582-8
定　　价　69.00 元

前　言

英国的安德烈·海姆(Andrei K. Geim)教授和俄罗斯的康斯坦西·诺沃肖洛夫(Kostya Novoselov)教授于2004年采用机械剥离法在高定向的热解石墨上通过反复剥离制备得到了单层石墨烯,并因此获得了2010年诺贝尔物理学奖。石墨烯的成功制备颠覆了保持近80年的传统理论,使碳的晶体结构实现了从零维富勒烯(1985年发现)、一维碳纳米管(1991年发现)到三维天然石墨的完整涵盖。石墨烯作为一种新型二维碳系材料,相比其他碳系材料和金属材料,具有更好的导热、导电、力学、比表面积和化学稳定性,一经面世就在世界范围内成为材料领域的研究热点。

对于填充型聚合物基复合材料而言,填料的本征属性是影响材料宏观有效性能的关键因素。石墨烯作为碳系材料中最受瞩目的成员,具有结构稳定、导电性高、韧度和强度优异等突出的物理化学性质,被誉为"新材料之王"。2019年,来自西班牙、美国、中国和日本的专家组成的国际研究团队发现,只需很小的电压变化即可打开或关闭双层石墨烯中的超导特性,这是在关于扭曲双层石墨烯及其表现出交替的超导和绝缘能力基础上的新发现。美国能源部劳伦斯伯克利国家实验室、复旦大学、斯坦福大学组成的研究团队开发出一种比人类头发丝更细的石墨烯装置,它可以轻松地从导电的超导材料切换到阻止电流流动的绝缘体,然后再转换回超导体,再次证实了石墨烯基材料在电场诱导导电特性方面的独特优势,为石墨烯基复合材料在电磁屏蔽,特别是自适应强电磁场防护等领域的应用提供了可能。

本书是在国家自然科学基金面上项目"电场诱导氧化锌/石墨烯复合材料非线性导电特性与脉冲响应规律研究"(项目批准号:52077220)的基础上完成的,重点针对几类典型的石墨烯基非线性导电复合材料制备方法及其性能开展了研究工作,获得了一些有价值的结果,是课题组前期研究工作的总结。

全书共包括7章,第1章介绍了石墨烯的结构、制备方法、功能化改性,以及电场诱导填充型导电复合材料的研究进展;第2、3章分别介绍了电场诱导石墨烯复合材料建模与仿真计算,以及基于机器学习的场致导电石墨烯复合材料优化设计方法;第4~7章分别介绍了改性石墨烯、石墨烯-碳纳米管、氧化锌包覆石墨烯、氧化锌包覆石墨烯-碳纳米管等4种掺杂型环氧树脂基场致导电复合材料制备方法与性能研究。

本书撰写分工:第 1 章由曲兆明、袁扬撰写,第 2~3 章由陈亚洲、李宏飞撰写,第 4~7 章由曲兆明、袁扬撰写。全书由曲兆明审阅定稿。

由于作者学识水平有限,书中难免有疏漏和不足之处,恳请各位专家同仁批评指正。

作　者

2024 年 5 月

目　　录

第1章 绪　论

1.1 引　言

随着信息技术的飞速发展,大规模集成电路向着集成化、小型化和低功耗方向快速推进,电磁安全问题越来越突出。特别是高功率微波、超宽带等电磁脉冲武器的运用,致使空间电磁环境更加复杂、恶劣,极易造成装备干扰、损伤乃至区域内电子系统瘫痪。因此,电子信息系统和武器装备的电磁脉冲防护已成为我国应对复杂电磁环境威胁的重大战略需求之一。

传统电磁防护材料具有固定不变的导电或导磁属性,这类材料对有用电磁信息和恶意电磁攻击都不允许通过,属于被动电磁防护。然而,对于通信、火控及 GPS 定位等用频装备都需要电磁信息的双向收/发功能,应用传统被动电磁防护材料会阻断电子系统与外界的信息互通,只能利用开窗口或外接天线等方式解决通信问题,存在严重的电磁安全隐患。因此,迫切需要提出和建立全新的电磁防护概念和手段,研制出既能保证正常电磁环境下用频装备电磁信息的正常收/发,又能实现强电磁脉冲攻击下自适应高效防护的新型主动电磁防护材料,为电子信息装备的复杂电磁环境生存能力和性能发挥提供材料和技术支撑。

从理论上看,高效屏蔽电磁脉冲需要低阻抗材料,而高效透射电磁波需要高阻抗材料,同时满足上述 2 种需求的材料必须能够自动感知强电磁场环境变化,并通过自身特有的微结构特征和导电机制发生场致绝缘-金属相变(通常表现为非线性导电特征),进而对电磁脉冲产生高效屏蔽作用,我们通常称之为自适应电磁脉冲防护材料,其防护机理示意图如图 1-1 所示。

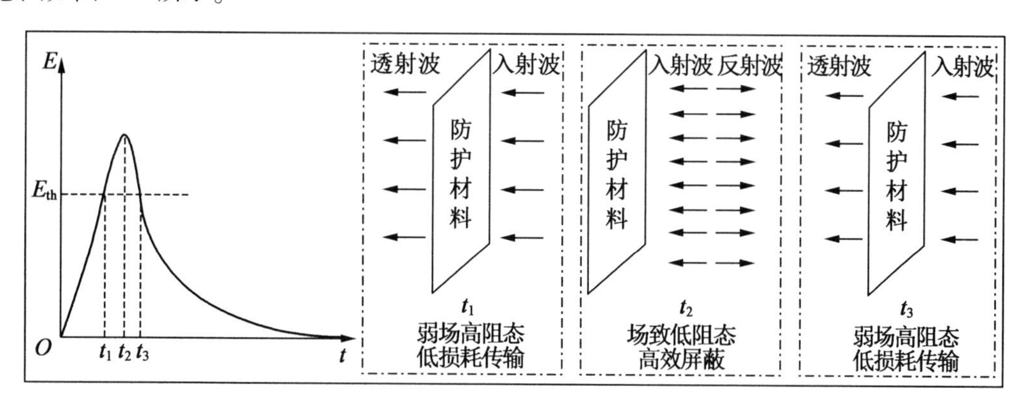

图 1-1　自适应电磁脉冲防护材料防护机理示意图

从自适应电磁脉冲防护材料防护机理上看，要满足上述防护需求，就是要实现电磁能量的低通特性，即对可能造成设备损坏的高能量电磁脉冲起到屏蔽隔离作用，而允许低能量的电磁信号通过。国防科技大学刘培国教授团队参考频率选择表面设计制作了基于PIN二极管阵列的能量选择表面，从原理上验证了能量选择表面的能量低通特性，后期又将半导体器件替换成二氧化钒薄膜材料进行了仿真分析，进一步拓宽了能量选择表面的研究方向，对于开发自适应电磁脉冲防护材料具有重要的参考价值和指导意义。目前，受半导体器件自身极化特性和导通延迟等因素制约，能量选择表面对于脉宽较窄的快沿电磁脉冲防护仍需深入研究。电磁能量选择表面的终极目标是从材料层面实现电磁场诱导的绝缘-金属相变，这依赖于场致电阻效应材料的突破。

场致电阻效应材料受电场作用发生绝缘-金属相变，表现为非线性导电特征，具备自适应电磁脉冲防护材料所需的场致变阻抗特性。二氧化钒薄膜材料具有典型的热致半导体-金属相变特性，当强电磁脉冲作用于二氧化钒薄膜时，材料受热驱动或电驱动而相变为低阻态，从而能对电磁波产生屏蔽作用。然而通过文献检索、调研和课题组前期研究发现：现有技术制备的二氧化钒薄膜材料场致绝缘-金属相变临界阈值场强较高（达MV/m），尽管通过离子掺杂、钒氧化物多相共存及多物理场协同作用等方法可显著调低其相变场，但仍高于目前典型强电磁辐射源的峰值场强（如高强度辐射场（HIRF）：约20 kV/m；高空核爆电磁脉冲（HEMP）场：50 kV/m），限制了此类材料在自适应电磁脉冲防护领域的广泛应用。

电场作用下掺杂适量组分导电材料或半导体氧化物的聚合物基复合材料具有非线性导电特性，为自适应电磁脉冲防护材料开发带来了启发。中国科学院深圳先进技术研究所于淑会团队针对填充氧化锌修饰碳纳米管（CNTs）的聚合物基复合材料场致非线性导电特性开展了研究，发现复合材料具有可逆的非线性导电特性，并实验验证了用于电路过电压防护的可行性，为自适应电磁脉冲防护材料设计指明了方向。我们前期针对导电粒子填充型聚合物基复合材料的场致非线性导电行为进行了初步探索，研究表明：在填料渗滤阈值附近，复合材料的电导率在外电场作用下能够发生非线性突变，而且材料的场致非线性导电特性与其微结构特征（填料尺寸、浓度、分布等）具有强依赖关系，利用渗滤导电理论、隧道效应导电理论及场致发射理论等进行了机理分析，得出了有益结论。

对于填充型聚合物基复合材料而言，填料的本征属性是影响材料宏观有效性能的关键因素。石墨烯（graphene，G）作为碳系材料中最受瞩目的成员，具有结构稳定、导电性高、韧度和强度优异等突出的物理化学性质。2019年，来自西班牙、美国、中国和日本的专家组成的国际研究团队发现，只需很小的电压变化即可打开或关闭双层石墨烯中的超导特性，这是在关于扭曲双层石墨烯及其表现出交替的超导和绝缘能力基础上的新发现。美国能源部劳伦斯伯克利国家实验室、复旦大学、斯坦福大学组成的研究团队开发出一种比人类头丝发更细的石墨烯装置，它可以轻松地从导电的超导材料切换到阻止电流流动的绝缘体，然后再转换回超导体，所有这些都可以通过简单的开关轻松切换，再次证实了石墨烯在绝缘-金属相变特性方面的独特优势。尽管上面所述优异性能需要石墨烯在微观形成特殊堆叠或装置，并在特定转变条件下才能实现，但利用石墨烯开发自适应电磁脉冲防护材料已呈现出美好愿景。

事实上,利用石墨烯开发电磁屏蔽材料已有广泛研究,且屏蔽效果十分优异,但这些材料仅适用于被动电磁防护,开发石墨烯基自适应电磁脉冲防护材料需要关注其场致非线性导电及脉冲响应特性,而关于这方面的研究鲜有报道。

因此,自适应电磁脉冲防护材料是未来电磁防护领域发展的重点和热点,当前具有场致电阻效应的聚合物基复合材料,特别是基于石墨烯开发场致导电复合材料有望在强场环境自适应电磁防护领域率先得到突破。

1.2　石墨烯简介

石墨烯是碳的同素异形体,碳原子以 sp^2 杂化键合形成单层六边形蜂窝晶格石墨烯。理想的单层石墨烯是由一层密集的碳六元环构成的,没有任何结构缺陷,它的厚度为 0.35 nm 左右,是目前为止最薄的二维纳米材料。同时,它也是组成其他碳族材料的基本单元,如零维的富勒烯、一维的碳纳米管,以及三维的石墨。石墨烯的基本结构单元为有机材料中最稳定的苯六元环,是目前最理想的二维纳米材料。

石墨烯独特的结构赋予了其许多卓越的物理和化学性质。例如,石墨烯具有超大的比表面积,达到 2 600 m^2/g;石墨烯的理论强度达到了 130 GPa,是目前已测材料中强度最高的;石墨烯具有优异的电性能,其在常温下具有超高的电子迁移率,达 20 000 $cm^2/(V\cdot s)$,电子在石墨烯层内的运动速度是光速的 1/300,远远超过了其在一般导电材料中的运动速度;石墨烯的热导率高达 5×10^3 $W/(m\cdot K)$,是金刚石的 3 倍。石墨烯是目前世界上已知的最为坚固的材料,其每 1 nm 的距离上能够承受的最大压力达到 2.9 μN。

上述石墨烯的这些性质使得它被称为"黑金",是"新材料之王",具有广阔的应用前景。

1.2.1　石墨烯的结构与特性

石墨烯由单层碳原子以二维蜂窝状晶格紧密排列组成,作为其他碳原子晶体结构的基本组成单元,可以通过包覆形成零维富勒烯,通过卷曲形成一维碳纳米管,或者通过堆垛形成三维石墨。

1. 石墨烯的结构与形貌。

石墨烯以碳原子六边形蜂巢晶格作为基本结构,原子排列非常紧密。石墨烯平面内每个碳原子通过 σ 键与相邻的 3 个碳原子相连,键长为 1.42 Å(1 Å = 0.1 nm),键角为 120°,并用 4 个价电子中的 3 个形成 sp^2 电子轨道杂化结构。每个碳原子将未成键的 1 个价电子贡献出来,在石墨烯平面垂直方向形成大 π 键。由于大 π 键处于未填满状态,所以 π 电子可以在石墨烯平面内自由移动,是石墨烯具有良好导电性和独特电学性质的关键因素。

如图 1-2 所示,单层石墨烯具有二维平面结构,这种大比表面积结构在室温下是不稳定的,虽然宏观上表面形貌较为平整均匀,但在微观状态下片层边缘位置会出现较为明显的褶皱和折叠。研究发现,当碳原子层数少于10层时,石墨烯能够表现出区别于三维天然石墨的独特性质,所以通常将由单原子层组成的石墨烯称为单层石墨烯,由两层碳原子组成的称为双层石墨烯,由3~10层碳原子组成的称为多层石墨烯。由于石墨烯的二维结构中每个蜂窝六元环结构仅占有2个碳原子,通过计算可知单层石墨烯的面密度仅约为0.77 mg/m^2,具有非常大的比表面积,其理论值高达2 600 m^2/g。

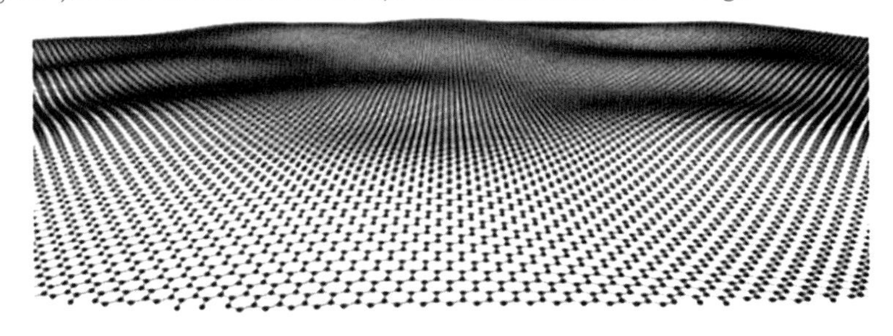

图1-2 单层石墨烯微观结构图

2.石墨烯的电学性质

独特的电子结构赋予了单层石墨烯非常优异的电学性质。由于石墨烯的每个晶胞均由2个碳原子组成,可以算出石墨烯价带(π带)和导带(π*带)在布里渊区(BZs)的两个锥顶点(K和K')交于狄拉克(Dirac)点,从而形成圆锥状低谷,如图1-3所示。单层石墨烯的电子结构与传统金属材料不同,其价带和导带在费米能级处相交,属于零带隙二维半导体,是目前已知电阻率最小的材料。

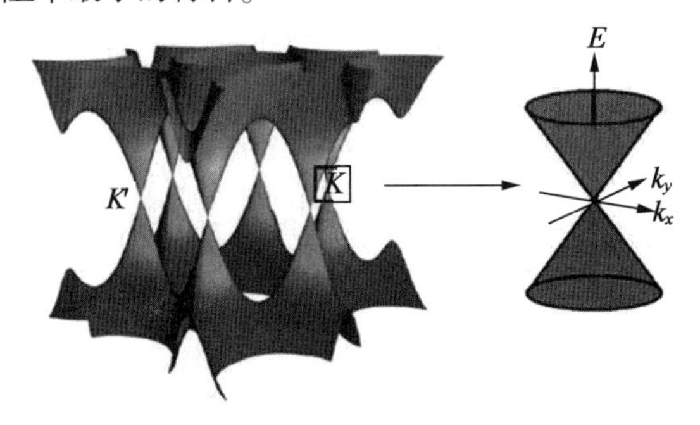

图1-3 单层石墨烯能带结构示意图

石墨烯的双极性电场效应非常明显,其室温下的电子迁移率可达20 000 $cm^2/(V·s)$,而当载流子密度低于$2×10^{11}$ cm^{-2}时,处于低温悬浮状态的单层石墨烯的电子迁移率甚至能达到250 000 $cm^2/(V·s)$,是锑化铟材料电子迁移率的2倍,是硅材料电子迁移率的140倍,且几乎不受化学掺杂和温度等因素的影响。

作为石墨烯的氧化物,氧化石墨烯(graphene oxide,GO)具有与石墨烯不同的电学特性。研究表明,随着被氧化程度的提高,石墨烯逐渐从零带隙半金属转变为半导体,当完全被氧化后彻底转变为绝缘体,但氧化石墨烯经还原后可重新恢复为导体。所以通过调控石墨烯的氧化程度,能够实现对石墨烯电子结构的调变,是未来半导体材料的理想替代品。

3. 石墨烯的化学性质

作为石墨烯基本的结构单元,碳碳双键和碳六元环使得石墨烯具有非常稳定的结构骨架,一般的化学反应很难对石墨烯的结构造成破坏,所以石墨烯的化学性质主要表现在含有基团或缺陷等反应活性点的片层表面或者边缘位置上,常见的主要方式是利用石墨烯氧化物上带负电的含氧基团(—OH、—COOH、—COC—等),通过修饰剂对石墨烯进行功能化改性。

4. 石墨烯的力学性质

与碳元素的其他同素异形体类似,石墨烯具有良好的力学性能,而且由于所具有的 sp^2 杂化轨道和 σ 键,其力学性能尤为突出。已有研究表明,无缺陷石墨烯的弹性模量为 1.1 TPa,抗拉强度为 42 N/m^2,断裂强度为 125 GPa,比性能最好的钢铁要强 100 多倍,是目前已知材料中强度最高的,即便是表面具有大量缺陷的还原氧化石墨烯,其弹性模量也可达 0.25 TPa。极其强大的力学性能加上巨大的比表面积,使得石墨烯已经成为新一代力学增强材料。

5. 石墨烯的热学性质

单层石墨烯的热导率在室温下可高达 3 000~5 000 W/(m·K),是目前已知天然材料中热导率最高的金刚石的 3 倍。石墨烯的导热性能会受到碳原子层数、尺寸和缺陷程度的影响,比如随着石墨烯层数的增加,声子散射的增强会导致石墨烯热导率的降低。

综上,石墨烯在微观结构、电学、化学性质、力学和热学等方面都具有非常优良的性能,将石墨烯作为增强相有针对性地提高复合材料的性能成为近年来材料领域的一个重要研究方向,例如聚合物基石墨烯复合材料、无机纳米基体石墨烯复合材料、石墨烯金属复合材料等已经在电子元器件制备、能量与物质存储、催化剂载体、传感材料、生物与医学材料等多方面展现了巨大的应用前景。

1.2.2 石墨烯的制备方法

1. 物理法

(1)机械剥离法。

机械剥离法是一种利用破坏石墨碳原子层状之间的范德瓦耳斯力(van der Waals force,VDS),从而制备出较少层数石墨烯材料的方法。根据剥离的方式主要可分为胶带法、轻微摩擦法以及超薄切片法等。Andrei Geim 教授和 Kostya Novoselov 教授曾首先利用等氧离子对高定向热解石墨表面进行刻蚀,然后将其转移到玻璃衬底上,再用透明胶带多次重复撕揭,接着放入丙酮溶液进行超声清洗,最后得到石墨烯产物,单层石墨烯的典型结构如图 1-4 所示。这种方法得到的石墨烯具有结构完整,导电性好等多种优良特性,但由于其单次产量较低,可控性较差,所获取的石墨烯尺寸也比较难确定,因此适合用于实验室研究,很难实现石墨烯的产业化。

(2)液相或气相直接剥离法。

由于石墨烯原子层之间存在范德瓦耳斯力,液相或气相直接剥离法是指将石墨分散在液体或气相中利用破坏石墨层之间的这种力而制取石墨烯。液相剥离法是直接把石墨或膨胀石墨分散到溶剂中,快速加热至 1 000 ℃以上去除表面含氧基团,然后加入溶剂中,并通过超声波、微波、加热、气流以及电化学等方法进行剥离,最终经过离心得到石墨烯溶液。目前已报道成功制取石墨烯的剥离法有超声法、球磨法和高速旋转剪切法等 3 种主要方法。

图 1-4 单层石墨烯的典型结构

Hernandez 等采用液相剥离碳纳米管的方法将石墨均匀混入溶剂中,并用超声波成功将石墨剥离成石墨烯,并探索了溶剂表面能与制取石墨烯效率的关系,得到了如下结论:溶剂表面净能量损耗特别小时才可以成功地从石墨中剥离出石墨烯。Janowska 等将 CO_2 在 100 ℃和 45 ℃下处理 30 min 后减压并通过粉末状的石墨,由于通过的 CO_2 气体瞬时膨胀而使石墨剥离形成石墨烯。

(3)纵向切割碳管法。

纵向切割碳管法是一种利用碳纳米管为原料制取石墨烯的新方法,研究人员利用浓硫酸和高锰酸钾将多壁碳纳米管(MWCNT)氧化,使碳纳米管沿径向切开形成纳米带后,加入氢氧化铵和水合肼进行处理,在加热至 95 ℃并保持一段时间,之后用硅油薄层覆盖反应后的溶液,经过一系列处理得到石墨烯。

D. V. Kosynkin 等将 MWCNT 悬浮在浓硫酸中 1~12 h,用高浓度高锰酸钾处理,再将混合液加热至 55~70 ℃并保温 1 h,当高锰酸钾反应完后,添加少量含 H_2O_2 的冰来淬灭反应混合物。将反应后的溶液通过聚四氟乙烯(PTFE)膜过滤,并将过滤后的产物用酸性水和乙醇/乙醚洗涤,再将 MWCNT 慢慢氧化成纳米带。然后用少量浓氢氧化铵和水合肼处理含纳米带的水溶液,加热至 95 ℃保温 1 h 后,用硅油薄层覆盖,最终得到石墨烯。通过这种方法能得到水溶性较好且与常规二维石墨烯片层不同的特殊性质各向异性的带状石墨烯,在进行后续相关处理后,会具有较高的导电性,使它在纳米电学领域具有广泛的应用前景。

以上通过对物理方法的阐述,对比发现经过物理方法制取的石墨烯结构比较完整,但不适合批量生产。

2. 化学法

(1)SiC 外延生长法。

SiC 外延生长法也称 SiC 热解法,是利用高温(1 000~1 500 ℃)加热单晶碳化硅,使其表面的硅原子升华,在其表面硅原子升华去除后,随时间的增长,剩下的碳原子在单晶碳化硅表面能重新排列形成石墨烯。生长出石墨烯的质量主要与生长基体、生长条件(温度、气压、保护气体)和高温炉等因素有关。

这种制备方法具有生长面积大、产品质量好等优点,逐渐成了制备大面积石墨烯的最佳方法之一,但该方法需要在高温真空下进行,条件要求较高。

(2)化学氧化还原法。

化学氧化还原法是指先用强氧化剂将石墨氧化成氧化石墨烯,然后利用还原剂将其还原成石墨烯。常见的强氧化剂主要是浓硫酸和高锰酸钾,还原剂为水合肼、硼氢化钠、强碱、对苯二酚以及氢碘酸等。

利用氧化还原法制取石墨烯得到中间物的氧化石墨烯表面含有一定的含氧基团,这些含氧基团可赋予其表面活性等特殊的特性,能与有机材料更好地接触,从而制取一些特殊的功能材料。但使用该方法得到的石墨烯结构缺陷较大,对电学性能影响较大,限制了其应用。

(3)化学气相沉积法(CVD)。

化学气相沉积法按衬底不同可分为金属衬底化学气相沉积法和非金属衬底化学气相沉积法。这种方法一般是将一种平面衬底作为催化剂和基底,在高温低压环境下通入一定的载气和碳源并保温一定时间,石墨烯产物便可在基底表面生成。待产物在基底生成之后,需要进行转移,一般有以下 5 个步骤:聚甲基丙烯酸甲酯(PMMA)旋涂→铜箔溶解→PMMA/石墨烯清洗→去除 PMMA→烘干。常见的金属基底主要有 Cu、Ni、Pt、Pd、Ir、Ru 和 Co 等;非金属衬底主要有 SiC、聚对苯二甲酸乙二醇酯、硅以及蓝宝石等;常见碳源主要有 CH_4、C_2H_4 以及 C_2H_2 等几种烃类气体。

这种方法虽然能制备出大面积、高品质的石墨烯,但是其工艺复杂,制备成本高,并且衬底表面生成的石墨烯转移难度较大。

3. 有机化学结合法

(1)有机合成法。

有机合成法一般是通过第尔斯-阿尔德(Diels-Alder)反应或者钯(Pd)催化反应等自由基耦合反应合成环加成产物后,然后对所得到环加成产物进行脱氢得到石墨烯。有机合成法被称为一种"自下而上"的反应,一般采用芳香型的小分子,通过有机反应合成出石墨烯纳米带或者多环芳烃(PAH),然后根据脱氢得到石墨烯。

(2)原位自生模板法。

原位自生模板法是一种向 PMMA 框架中引入大量的 Fe^{2+},利用 Fe^{2+} 在含有多种基团的聚合物和碳源之间形成层状络合物,这种层状络合物在低温条件下会发生热解,并形成碳层、铁层和渗碳铁框架,之后再进行热处理便可得到石墨烯。

尹婕等利用该方法制备出具有低缺陷和高导电的石墨烯,并发现使用该法制备出的石墨烯极易在水中或其他极性溶剂中形成稳定的分散体系，利用这种特性可以制备出高活性、低电阻以及大电流密度的Pt/石墨烯催化剂，用于大幅度提高甲醇燃料电池能量转换效率。Wang等利用该方法通过Fe^{2+}在聚丙烯酸和AC树脂之间的配位-掺碳等反应制备出石墨烯，并且通过实验发现所制备出石墨烯的结构与Fe离子的含量和金属催化剂含量等有关。

4. 掺杂法

石墨烯掺杂是近年来研究学者的研究热点，目前相关报道中P型或N型掺杂石墨烯的实现，主要与化学气相沉积法相结合制取出含掺杂元素的石墨烯。

石墨烯表层的能带结构呈锥形接触，这种能带结构极易受到电场、表面吸附、晶格突变、晶格异位替换等影响，使石墨烯结构发生改变，因而会发生掺杂现象。因石墨烯能量色散关系近似为线性，表层能带结构呈锥形，当石墨烯发生掺杂现象时，石墨烯费米面会在狄拉克点上下移动，进而在能量层表面形成空穴型或者电子型载流子。根据石墨烯费米面与狄拉克点的位置不同，可将掺杂分为P型掺杂、N型掺杂、P-N共同掺杂等。

(1)N型掺杂。

常见能与石墨烯形成N型掺杂分子的有金属、有机化合物、N、h-BN、NH_3、H_2以及磷等。N型掺杂根据机理不同可分为吸附掺杂和晶格掺杂，吸附掺杂是指吸附电子能力较强的分子或者有较强给予电子能力的分子与石墨烯发生掺杂反应。通常是利用一些具有大官能团的有机物与石墨烯进行掺杂，进而生成N型掺杂的石墨烯。晶格掺杂通常是指石墨烯晶体结构中的碳原子被其他原子代替，从而形成晶格掺杂。含氮掺杂石墨烯为典型的N型晶格掺杂。由于氮原子与碳原子结构类似，掺杂过程中氮原子能提供多余的电子，因而可提高载流子浓度和电导率。

氮掺杂一般先将SiC晶片置于高温管式炉中，通入Ar保护气氛，然后将管式炉温度升高至1 500 ℃并通入氨气(NH_3)反应20 min左右，随后在Ar气氛下自然冷却至室温，最终在SiC晶片表面得到掺杂的石墨烯。

(2)P型掺杂。

与N型掺杂类似，P型掺杂也是根据机理不同分为吸附掺杂和晶格掺杂。常见的能与石墨烯形成掺杂的分子主要有含氟(F)聚合物、水(H_2O)、N_2、N_2O、O_2、氧化性溶液、B、Cl以及金属等。制取出掺杂的石墨烯可以应用到燃料催化剂、晶体管、电池以及相关光学领域等，并且通过掺杂法制取的石墨烯又具有一些特殊的原子结构，使其应用更加开阔。实际应用发现，掺杂石墨烯制备复合材料仍面临一些挑战，需要继续进一步深入研究。

1.2.3 石墨烯的功能化改性

石墨烯自问世以来因其优异的性质受到了世界范围内科研人员的关注和青睐，其制备工艺和应用技术逐步得到完善，石墨烯相关技术和产品也在各个领域展现出广阔的前景。然而在石墨烯及其复合材料的探索过程中，有一个重要问题始终存在，那就是由于石墨烯具有非常大的比表面积、较强的层间范德瓦耳斯力和良好的化学稳定性，因此其片层非常容易团聚,且在大多数有机、无机溶剂和聚合物基体中难以得到有效的分散,从而制约了石墨烯与其他物质的化学、物理反应,阻碍了石墨烯及其相关材料的进一步研究与发展。

对石墨烯进行表面功能化改性,是解决石墨烯应用问题的重要方法之一。石墨烯的表面功能化改性就是指通过化学或物理方法,将其他原子或官能团引入石墨烯表面,从而改变石墨烯的电子结构或者表面特性,增大界面结合力,有效提高石墨烯在特定溶剂和聚合物基体中的分散性,减轻石墨烯的团聚现象。而且从小分子到大的聚合物分子链都可作为石墨烯的表面改性官能团,不同类型的官能团可以对石墨烯的性质产生不同的影响,通过对修饰官能团的调控,能够对不同应用领域的石墨烯复合材料进行有针对性的设计与制备。根据改性原理的不同,目前石墨烯的表面功能化改性主要分为共价键改性和非共价键改性2种,下面分别进行详细介绍。

1. 共价键改性

共价键改性是指通过化学反应造成石墨烯表面化学键的断裂,再利用新生成的共价键连接到石墨烯上,所得到的改性产物稳定性较高,是石墨烯表面功能化改性最有效的方法。其中,氧化石墨烯作为石墨烯的氧化物,其片层表面和边缘具有丰富的含氧基团,能够在去离子水、无水乙醇和四氢呋喃等极性溶剂中良好分散,是实现石墨烯共价键改性的关键桥梁。

随着共价键改性技术研究的不断深入,胺、脂等多种化合物已经通过亲核取代、缩合加聚和亲电加成等反应与氧化石墨烯的羧基、羟基和环氧基等含氧基团接枝,实现石墨烯的表面功能化改性。Stankovich 等通过将苯基异氰酸酯上的异氰酸酯基与氧化石墨烯表面的羟基和羧基发生反应,制备所得的异氰酸酯功能化改性的氧化石墨烯能够很好地在非质子有机溶剂中分散。Shan 团队利用多聚赖氨酸的氨基与氧化石墨烯表面的环氧基团发生反应,成功制备了多聚赖氨酸/氧化石墨烯复合材料。

共价键改性虽然能大幅度提高石墨烯在溶剂和聚合物基体中的分散能力,但共价键的破坏与再生成本身会对石墨烯的表面结构造成破坏和缺陷,容易降低其优异的电学性能。

2. 非共价键改性

非共价键改性是一种物理作用,指的是利用分子之间的范德瓦耳斯力、电极性和 π-π 相互作用,实现改性材料对石墨烯表面的吸附或者包覆。由于不存在化学键的断裂和再生成,非共价键改性不会对石墨烯的表面结构造成破坏,可以最大限度上保留石墨烯完整的片层结构和良好的理化性能。Bai 等使用磺化聚苯胺实现了对石墨烯表面的非共价键改性,所得的改性石墨烯不仅能够在水中稳定地分散,而且能够表现出更好的电催化能力和电化学稳定性。Jo 等利用 π-π 相互作用使得导电聚合物与还原氧化石墨烯的表面成功结合,所得产物能够稳定地在水中分散,并可进一步制备得到适用于柔性透明电极的复合薄膜。

由于分子间的范德瓦耳斯力和静电相互作用本身较弱,虽然非共价键改性能够最大限度地保留石墨烯的片层结构和优异性质,但石墨烯片层与改性剂之间的结合作用很弱,导致改性石墨烯及其复合材料的稳定性不足。

1.2.4 石墨烯基复合材料的制备方法

为了能够最大限度地发挥石墨烯及其聚合物基复合材料的优异性能,不仅需要石墨烯能够在聚合物基体中得到均匀的剥离和分散,还需要石墨烯与聚合物基体之间具有良好的界面相互作用,所以根据石墨烯填料和聚合物基体的自身特性选择适合的制备方法非常重要。

1. 溶液共混法

溶液共混法是当前最为常见的一种聚合物基石墨烯复合材料制备方法,其适用前提是所选择的聚合物基体能够在水或者常见有机溶剂中充分溶解,具体操作是把石墨烯微片和聚合物基体同时或者依次分散于同一溶剂中,均匀分散后通过加入非溶剂沉淀或者蒸发的方式将溶剂去除,从而得到聚合物基石墨烯复合材料。溶液共混法具有石墨烯尺寸、形态可控,制备工艺和设备相对简单的优点,但其额外加入的有机溶剂可能会对环境造成污染,而且在制备过程中很难完全去除,可能会对复合材料的性能造成影响。

需要注意的是,在溶液共混的过程中超声分散能够一定程度上使得石墨烯在溶剂中分散得更均匀,但如果超声分散的频率过高或者持续时间太长都会使石墨烯本身的片层结构造成破坏;而且溶液共混法的制备效果与溶剂的去除速度有较大关系,溶剂去除所需的时间越长,石墨烯片层发生团聚的可能性就越大,所以要选择挥发速度快、沸点低的溶剂。Fan 等通过溶液共混法成功制得了石墨烯/壳聚糖复合材料,测试结果表明当石墨烯的填充量为 0.1%~0.3%(质量分数)时,复合材料能够得到最大的弹性模量和较好的生物相容性。

2. 熔融共混法

熔融共混法常见于大规模工业生产中,指的是利用高剪切力使得石墨烯分散于高温熔融状态下的聚合物基体中,再通过注塑或挤压成型的方法得到聚合物基石墨烯复合材料。熔融共混法的优点是避免了有机溶剂的引入,不会对环境造成额外的污染,且高温熔融状态下的聚合物比常温常态下相对易于石墨烯的分散。但是因为熔融状态下的聚合物与一般溶剂相比黏度依旧较高,石墨烯在聚合物基体中的分散性较差,容易发生团聚,需要多次熔炼才能达到溶液共混法的分散效果,不适合实验室条件下的聚合物基石墨烯复合材料制备。Ribeiro 等利用 ZnO 滚筒的三辊研磨机通过熔融共混法成功制备了氧化石墨烯-三乙烯四胺(GO-TEPA)环氧树脂复合材料,测试结果表明当 GO-TEPA 的填充量为 0.5%(质量分数)时复合材料的热导率和弹性模量能得到最大程度的提升。

3. 原位聚合法

原位聚合法是指先将石墨烯微片分散于聚合物单体的溶液中,然后通过引发剂使得聚合物单体在石墨烯的片层之间发生聚合反应,从而原位聚合得到聚合物基石墨烯复合材料。对于无法使用溶液共混法和熔融共混法处理的聚合物基体,原位聚合法是非常有效的方式,石墨烯能够均匀地在聚合物单体中达到分子级的剥离和分散,而且由于聚合物单体的聚合过程属于放热反应,能够促使石墨烯得到进一步的剥离。但是原位聚合法的适用范围较窄,而且对制备仪器的要求也较高。徐志献团队通过原位聚合法成功制备了氧化石墨烯/聚丙烯腈复合材料,相较于纯聚丙烯腈其热稳定性有了一定的提高。

1.3　电场诱导填充型导电复合材料研究进展

1.3.1　填充型复合材料非线性导电机理

近些年来,聚合物基导电粒子填充型复合材料的制备和应用研究受到学者们的广泛关注和重视。导电粒子填充浓度达到某一临界值时,复合材料内形成导电通路,此时复合材料由绝缘体转变为导体,这个临界值称为导电填料的逾渗阈值。当导电粒子填充浓度低于逾渗阈值时,复合材料具有特殊的非线性导电特性,温度及外场发生变化时复合材料也会具有非线性导电特性。而这些非线性导电特性的导电机制非常复杂,至今仍没有形成统一的导电理论,目前主要有导电通道理论、量子隧道效应理论、场致发射理论等。

1. 导电通道理论

目前对聚合物基复合材料的导电机制的研究比较多,一般认为复合材料的导电过程是几种导电机制的综合作用,在不同情况下起主导作用的导电机制也不同。其中导电通道理论主要讨论复合材料在逾渗转变过程中电阻率与导电粒子填充浓度之间的关系,主要有统计逾渗模型、界面热力学逾渗模型和有效介质模型等。

(1)统计逾渗模型。

逾渗模型是一个统计学模型,易于建模和分析。1957 年,S. R. Broadbent 等在研究介质中随机多孔通道网络中的流体流动时提出了逾渗(percolation)的概念,也有人称之为渗滤。逾渗理论认为,在聚合物基导电粒子填充型复合材料内,随着导电粒子填充浓度的增加,起初复合材料的电阻率基本不变。当导电粒子填充浓度达到逾渗阈值 f_c 时,复合材料内开始形成导电网络,其电阻率急剧下降。Kirkpatrick 等结合 Flory 凝胶化理论提出了经典统计逾渗模型(classical statistical percolation model),将导电粒子在二元复合体系中的分布等效为二维或三维的点或键的规则排列。在逾渗阈值 f_c 附近的区域,复合材料的电导率与导电粒子填充浓度的关系可表示为

$$\sigma \propto (f-f_c)^r \tag{1-1}$$

式中,σ 为复合材料的电导率;f 为导电粒子的填充浓度;r 为与复合材料体系相关的系数因子,在二维体系和三维体系中的典型值分别为 1.3 和 1.9。

Gurland 等在对银粉/酚醛树脂复合材料电性能的研究时发现,复合材料电阻率的突变与导电粒子的平均接触数 m 有关,在 $m=1.3\sim1.5$ 时,复合材料的电阻率发生突变。Janzen 在 Gurland 研究结果的基础上,进一步对 Kirkpatrick 逾渗模型进行推导分析,得到电阻率急剧下降时逾渗阈值 f_c 的表达式:

$$f_c=\frac{1}{1+0.67Z\rho\varepsilon} \tag{1-2}$$

式中,Z 为最大可能的接触数或叫作配位数;ρ 为导电粒子的密度;ε 为导电粒子在复合材料中随机分布时的比空隙体积。

Zallen 等利用蒙特卡洛统计方法分析了聚合物基复合材料中导电粒子形成连续网络的概率,在导电网络形成的临界点处,有以下关系式:

$$C_p = P_c Z \tag{1-3}$$

式中,C_p 为每个导电粒子的临界接触数;P_c 为形成导电网络的临界概率;Z 为配位数。并根据每个导电粒子的平均接触数与导电粒子填充浓度的关系推导出逾渗阈值 f_c 的表达式:

$$f_c = \frac{C_p f_m}{C_p f_m + Z(1-f_m)} \tag{1-4}$$

式中,f_m 为每个导电粒子的最大堆砌体积分数。

(2)界面热力学逾渗模型。

虽然逾渗模型可以解释逾渗阈值下材料电阻率的突然变化,但是并没有考虑材料内部微结构的影响。逾渗模型仅适用于基体电导率为零或导电粒子电阻率为零的复合体系。因此,在实际应用过程中得到的结果与实验结果之间的误差较大。

Sumita 等研究炭黑在聚合物基体中的分散状态以及对复合材料电性能的影响时发现,炭黑和聚合物之间存在界面层,导电网络的形成与复合材料总界面自由能相关。随着炭黑填充浓度的增加,复合材料的界面自由能增加。当界面自由能增加到一个与聚合物基体无关的常数 Δg^* 时,复合材料内开始形成导电网络,此时临界体积分数 f_c 的表达式为

$$f_c = \left(1 + \frac{3K}{\Delta g^* R}\right)^{-1} \tag{1-5}$$

式中,K 为复合材料体系的界面自由能;R 为炭黑导电粒子的半径。

Miyasaka 研究分析了炭黑填充型复合材料的电导率与填充浓度之间的关系,并进一步考虑了基体与导电粒子界面之间自由能的影响,对临界体积分数 f_c 的表达式修正为

$$f_c = \left[1 + \frac{3(\sqrt{\gamma_c} - \sqrt{\gamma_p})^2}{\Delta g^2 R}\right]^{-1} \tag{1-6}$$

式中,γ_c、γ_p 分别为炭黑导电粒子和基体的表面张力,$(\sqrt{\gamma_c} - \sqrt{\gamma_p})^2 = K$。考虑到复合材料的制备是一个共混的动态过程,引入制备过程的参数后上式修正为

$$\frac{1-f_c}{f_c} = \frac{3}{\Delta g^* R}\left[(\gamma_c + \gamma_p - 2\sqrt{\gamma_c \gamma_p})(1 - e^{-ct/\eta}) + K_0 e^{-ct/\eta}\right] \tag{1-7}$$

式中,t 为炭黑在聚合物基体中的分散时间;K_0 为 $t=0$ 时体系的界面自由能;c 为与体系界面自由能变化相关的常数;η 为分散过程中基体的黏度。

Wessling 等基于非平衡热力学原理提出了动态界面模型(dynamic boundary model),并且从微观的角度描述了导电网络形成的过程。Wessling 研究结果认为导电相和基体之间的界面相互作用是逾渗过程的主要驱动力,在临界体积浓度下导电相形成了絮凝(flocculation)结构,逾渗过程可看作分散/絮凝竞争的过程,并提出了临界体积分数的表达

式为

$$f_c=\frac{0.64(1-c)\varphi_0}{\varphi_n}\left[\frac{m}{(\sqrt{\gamma_c}+\sqrt{\gamma_p})^2}+n\right] \tag{1-8}$$

式中,$1-c$ 为复合材料体系中非晶成分的体积分数;γ_c、γ_p 分别为导电相和聚合物基体的表面张力;m、n 为参数值;φ_0、φ_n 分别为包覆层和导电相的体积因子。但是 Wessling 的动态界面模型的基本假设条件过多,在实际的复合材料体系研究中难以应用。

(3)有效介质模型。

有效介质理论主要有 Bruggeman 提出的均一有效介质理论和非均一有效介质理论,其基本思想是导电粒子在复合材料中随机非均匀分布,每个导电粒子处于相同的有效介质中。均一有效介质理论认为导电粒子可以充满体系中所有的空间,复合材料的有效电导率可以用式(1-9)表示:

$$\frac{(1-f)(\sigma_1-\sigma_m)}{\sigma_1+\left(\frac{1-L}{L}\right)\sigma_m}+\frac{f(\sigma_2-\sigma_m)}{\sigma_2+\left(\frac{1-L}{L}\right)\sigma_m}=0 \tag{1-9}$$

式中,f 为导电粒子的填充浓度;σ_1、σ_2 分别为聚合物基体和导电粒子的电导率;σ_m 为复合材料的有效电导率;L 为复合材料的退磁系数。

非均一有效介质理论认为在二元复合材料体系中,其中一相总会全部被另外一相包覆,并得到如下表达式:

$$\frac{(\sigma_m-\sigma_1)^{1/L}}{\sigma_m}=f^{1/L}\frac{(\sigma_m-\sigma_2)^{1/L}}{\sigma_2} \tag{1-10}$$

有效介质理论的基本假设是椭圆形导电填料完全填充在基体中,并且要求导电粒子被基体均匀包覆。在实际应用中预测的逾渗阈值高于实验测量值。另外,有效介质理论忽略了界面相互作用等各种因素的影响,在实际应用中仍存在许多局限性。D. S. McLachlan 等在有效介质理论的基础上,考虑了非球形导电填料的形状、分布、取向等因素的影响,提出了有效介质理论普适(general effective media,GEM)方程:

$$\frac{(1-f)(\sigma_1^{1/t}-\sigma_m^{1/t})}{(\sigma_1^{1/t}+A\sigma_m^{1/t})}+\frac{f(\sigma_2^{1/t}-\sigma_m^{1/t})}{(\sigma_2^{1/t}+A\sigma_m^{1/t})}=0 \tag{1-11}$$

式中,$A=(1-f_c)/f_c$,若复合材料体系中椭圆形导电填料与电场取向一致,则可得到

$$\begin{cases} f_c=\dfrac{L_2}{1-L_1+L_2} \\ t=\dfrac{1}{1-L_1+L_2} \end{cases} \tag{1-12}$$

式中,L_1、L_2 分别为基体和导电粒子的退磁系数,若复合材料体系中椭圆形导电填料随机取向,则

$$\begin{cases} f_c=\dfrac{m_1}{m_1+m_2} \\ t=\dfrac{m_1 m_2}{m_1+m_2} \end{cases} \tag{1-13}$$

式中，m_1、m_2 分别为与基体和导电粒子有关的参数。GEM 方程扩大了有效介质理论的应用范围，不仅可用于拟合逾渗曲线，还可用于拟合二元复合体系中的介电常数、热导率、弹性模量等。

2. 量子力学隧道效应理论。

导电通道理论是从统计学的角度出发，描述复合材料的电导率与导电粒子填充浓度之间的关系。当导电粒子的填充浓度在逾渗阈值附近时，导电粒子之间存在间隙，复合材料内部未形成导电通路。量子隧道效应理论认为，导电粒子之间存在势垒，电子具有一定的概率跃迁过势垒而形成隧道电流。

（1）低温热跃迁导电理论。

Ping Sheng 对炭黑/聚氯乙烯复合材料的非线性导电行为进行了测试分析，认为复合材料的非欧姆行为是电子在热波动（thermal fluctuations）的作用下，穿过绝缘间隙产生的势垒而形成隧道电流。结合有效介质理论，并从单个隧道结推广到隧道结随机网络，得到了隧道电流密度的表达式：

$$j(\varepsilon)=j_0\exp\left[-\frac{\pi\chi w}{2}\left(\frac{|\varepsilon|}{\varepsilon_0}-1\right)^2\right],\quad |\varepsilon|<\varepsilon_0 \tag{1-14}$$

式中，ε 为导电粒子的介电常数；j_0 为间隙当量电流密度；χ 为非物理量，是其计算公式的简化表示形式，$\chi=(2mV_0/h^2)^{1/2}$；m 为电子质量；V_0 为导电粒子间的势垒；ω 为导电粒子间隙宽度；ε_0 为真空介电常数，$\varepsilon_0=4V_0/e\varepsilon$。从表达式中可以看出，隧道电流密度是势垒间隙宽度的指数函数，所以在导电粒子间隙非常小时才存在量子隧道效应，相邻导电粒子间发生隧道效应的平均距离为

$$S=2\left(\frac{3N}{4\pi}\right)^{\frac{1}{3}} \tag{1-15}$$

式中，N 为单位体积内导电粒子的数目。Sheng 还发现在高温下，热波动对隧道势垒的影响较大；但在低温下，隧道势垒又变回简单弹性隧道势垒。并从理论上推导出隧道电导率表达式为

$$\sigma=\sigma_0\exp\left(-\frac{T_1}{T+T_0}\right) \tag{1-16}$$

式中，σ、σ_0 分别为复合材料和导电粒子的电导率；T_0、T_1 为与温度有关的参数。在对炭黑/聚氯乙烯复合材料实验结果拟合后得到较好的一致性。

2005 年，Kaiser 等在 Sheng 研究结果的基础上，对电子波动和热激活产生的势垒跃迁进行理论计算，得到了材料的宏观电导率的表达式：

$$G=\frac{I}{V}=\frac{G_0\exp(V/V_0)}{1+(G_0/G_h)[\exp(V/V_0-1)]} \tag{1-17}$$

式中，V_0 为电压比例因子，取决于势垒高度；G_0 为由温度确定的低场强电导（$V\to0$）；G_h 为高场强电导。式(1-17)较好地描述了碳纳米管填充型导电复合材料的非线性导电行为，并且对其他的一些纤维填料填充型复合材料也有较好的适用性。

（2）Simmons 隧道导电理论。

1963 年,Simmons 在 WBK 近似的基础上,假设聚合物基复合材料中的金属导电粒子均匀分布,根据量子理论推导出具有普适性的隧道电流密度的表达式:

$$J=J_0\{\varphi_0\exp(-A\varphi_0^{1/2})-(\varphi_0+eV)\exp[-A(\varphi_0+eV)^{1/2}]\} \tag{1-18}$$

式中,$J_0=e/2\pi h(\beta\Delta s)^2$;$A=(4\pi\beta\Delta s/h)(2m)^{1/2}$;$\varphi_0$ 为平均势垒高度;m 和 e 分别为电子的质量和电荷量;V 为相邻导电粒子间的电压;β 为方程的校正因子。从式(1-18)中可以看出,隧道电流密度与电压呈正指数关系,与势垒高度呈负指数关系。

3. 场致发射理论

Beek 等认为聚合物基复合材料的非线性导电行为是复合材料内部电场发射导致电子跃迁造成的。当导电粒子距离小于 10 nm 时,这些导电粒子之间所具有的强大电场可产生发射电场,诱导电子贯穿势垒而跃迁到相邻的导电粒子上,并提出了隧道电流密度的表达式:

$$J=AE^n\exp(-B/E) \tag{1-19}$$

式中,J 为电流密度;E 为电场强度;A、B、n 为常数。场致发射理论忽略了温度对隧道电流密度的影响,可以较好地解释许多类型复合材料的非线性导电行为。

上述理论模型从不同角度分析了复合材料内部导电网络的形成,对揭示复合材料非线性导电行为机制具有一定的指导作用,但是由于影响因素非常多,目前这几种理论模型难以普遍地、完整地解释聚合物基复合材料体系的非线性导电行为。业界普遍认为,复合材料的非线性导电行为是众多效应综合作用的结果,在实际分析时需要综合考虑影响复合材料电性能的关键因素。

1.3.2　聚合物基非线性导电复合材料

聚合物基导电粒子填充型复合材料是指以高分子聚合物为基体,金属粒子、石墨烯等为导电填料,通过化学或物理工艺复合得到的一种多相混合的材料。随着工业科技、材料科学的发展,复合材料的研究与应用也日趋广泛。从导电填料的属性出发,主要分为金属系和非金属系导电填料,其中非金属系填料中研究最多的是碳系导电填料。下面着重就碳系和金属粒子填充型复合材料的研究进展进行概括和总结。

1. 碳系填充型复合材料

碳系导电填料主要包括碳黑、碳纳米管(CNTs)和石墨等。Wang 等制备了不同填充浓度的碳纳米管/环氧树脂复合材料。在低电压作用时,复合材料样品显示出欧姆特性;随着电压进一步升高,电流非线性增加并快速上升,分析认为复合材料内的隧道效应是强非线性导电行为的主要原因;当电压升高到一定数值时,跃迁过势垒的电子趋于饱和,此时材料仍表现为非线性导电特性,但电流的增长速度明显放缓。为了提高复合材料的稳定性和重复性,利用纳米氧化锌对碳纳米管进行修饰,制备的复合材料样品在外电场的作用下具有更加优异的稳定性和重复性,样品在测试中可有效的保护器件在电路中的过电压冲击。

郭文敏等将碳化硅(SiC)填充到硅橡胶和聚乙烯中制备了复合材料样品,并对其非线性导电行为进行了研究和分析,得到了添加不同种类、含量 SiC 的复合材料伏安曲线。实验结果表明,β-SiC/硅橡胶复合材料在非线性系数发生变化时的电场强度较低,并具有较大的非线性系数,在电场作用下复合材料样品具有更大的非线性系数。

陈国华等以环氧树脂、聚乙烯、硅橡胶为基体,以处理后的纳米石墨微片为导电填料,采用熔融复合法制备了分散良好的复合材料,研究了几种复合材料的电性能。发现填充石墨后的复合材料在电场作用下具有非线性导电行为,并从导电填料的形貌和浓度、基体的类型、场强大小等影响因素出发,分析了影响复合材料非线性导电行为的各种相关因素,进一步应用量子力学理论,对复合材料非线性导电行为进行分析。

石墨烯(graphene, G)是一种新型的二维纳米材料,具有优异的电学性质。但是结构完整的石墨烯具有高化学稳定性,石墨烯片层间存在较强的范德瓦耳斯力,易于产生聚集;并且与其他介质的相互作用较弱,在水及一般有机溶剂中分散性较差,需要通过改性工艺改善其相容性和分散性。Zepu Wang 等对氧化石墨烯填充的聚合物基复合材料研究时发现,在填料浓度为 3%时具有优异的非线性导电特性,非线性系数最大值可达 16,并且可通过调节 GO 还原温度来改变其氧化状态,达到对复合材料开关场强的调控。A. N. Aleshin 等将 Gr 和 GO 纳米粒子填充到聚乙烯基咔唑(PVK)中制备了纳米复合材料薄膜,并对其导电开关行为进行了测试研究。发现在 Al/PVK:Gr(Go)/ITO/PET 结构形式的薄膜上向 Al-ITO 电极上加载 0.2~0.4 V 的偏置电压时,复合材料薄膜的电阻出现了从高阻到低阻的急剧转变。

2. 金属粒子填充型复合材料

金属系导电填料具有良好的电性能,是目前应用非常广泛的一种填料,常用的主要有金、银、铜、镍、铁等的粉末、纤维、金属合金。邹慰亲等分别对掺 Al 或 Ag 微粉的复合材料进行测试研究,发现在一定的电场阈值处,复合材料电导率随电场强度的升高而迅速增大,通过改变导电填料的类型、填充浓度和粒径,得到了具有不同电场阈值的复合材料样品,并认为这类复合材料导电开关特性的机制是量子隧道效应,在自动控制电路、雷击防护等领域具有广阔的应用前景。

S. H. Kwan 等对银粉(SP)和银包玻璃微珠(SCGS)填充到不饱和聚酯中制备的复合材料的开关特性进行了研究,初步探讨分析了复合材料内导电路径的形成和破坏机制。认为在电压阈值处的导通机制是电子跃迁穿过复合材料内相邻导电填料的间隙形成导电路径。A. Kiesow 等发现含银纳米粒子的等离子体聚合物薄膜具有可逆的非线性导电开关特性,复合材料的电流-电压曲线在一定的电压阈值处可突变 6 个数量级。研究分析了纳米复合材料非线性导电开关行为的导电机制,认为在低场下的导电机制主要是热诱导电子隧穿,高场下的主要导电机制则是场诱导量子隧道效应。这 2 种机制之间的电导差异可以覆盖几个数量级。

此外,很多学者对其他类型的金属导电填料也进行了广泛的应用研究。Jiang 等制备了掺杂 Co 纳米粒子的聚吡咯(PPy)复合薄膜。由于外电场控制着 Cu 电极和 PPy 复合薄膜之间的氧离子迁移率,可以实现本征传导(低电阻状态)和氧化层传导(高电阻状态)之间的相互切换。研究结果为 ReRAM(电阻式随机存储器)器件提供一种新型材料。Stassi 等研究了绝缘硅氧烷基体中掺杂镍的复合材料的压阻特性。结果表明,在没有变形的情况下，填充浓度高于逾渗阈值的复合材料仍为绝缘材料，在进行变形处理的过程中，复合材料的电阻率可发生高达9个数量级的变化，并基于量子隧道效应对复合材料中的传导机制进行了分析。

银纳米线具有优异的导电性和导热性，较低的逾渗阈值，目前受到了相当广泛的关注和研究。S. I. White等在对银纳米线/聚苯乙烯纳米复合材料的研究中发现，当填充浓度低于或高于逾渗阈值时复合材料的非线性导电行为较弱，当填充浓度接近逾渗阈值时，在某一电压阈值处通过复合材料的电流表现出显著的跃变，表现出可逆的导电开关特性。该类型材料在电气设备中的导电开关和静电放电（ESD）防护领域具有广泛的应用前景。

金属氧化物如氧化锌（ZnO）和二氧化钛（TiO_2）等不仅具有良好的导热性和稳定性，而且还具有良好的压敏特性。郭文敏等制备了低密度聚乙烯（LDPE）/ZnO复合材料，研究了不同制备工艺条件如填充浓度、温度和压力对复合材料非线性导电行为的影响。结果表明，不同工艺条件制备的复合材料导电行为存在较大的差别，提高ZnO的填充浓度、升高温度和减小压力都可以提高复合材料的非线性系数。李秀玲等采用不同的工艺制备了4种不同相结构的TiO_2薄膜：无定形、锐钛矿、金红石和混合相结构。通过测试发现4种结构的Ag/TiO_2/Pt样品均具有导电开关特性，并且锐钛矿结构的薄膜具有相对较好的稳定性。李建昌等研究测试了氧化镍（NiO）薄膜材料的伏安特性，发现制备的NiO薄膜样品具有可重复且稳定的双极电阻开关特性，分析了溶胶浓度和Cu掺杂等因素对薄膜样品导电开关特性的影响，并讨论了样品中导电通路的形成机制。

以上研究结果表明，填充浓度在一定范围内的聚合物基导电粒子填充型复合材料具有良好的非线性导电特性，在导电开关、静电放电、雷电防护等领域具有广阔的应用前景。但是在电磁脉冲防护领域的应用，则需要具有更大非线性系数、更低场强阈值的复合材料。

第 2 章　石墨烯复合材料建模与仿真计算

2.1　聚乙烯/石墨烯复合材料电子结构和外电场调控研究

2.1.1　聚乙烯/石墨烯复合材料的建模方法

第一性原理方法广义上是指基于最基本的物理规律去演算物质的各种性质,在凝聚态物理的研究领域里,所有的研究对象都由分子和原子构成,而它们间的相互作用都服从量子力学的基本规律,因此人们能够基于量子力学的基本原理,经过一些必要的近似化简,从而计算出任意一个体系的各种性质。

从头算是指不通过经验参数,关注原始状态方程和边界条件,只使用几个最基本的实验数据去计算体系的性质。这种算法的计算量较大,对计算资源有着较高的要求,但是可信度高,通用性好,适用范围较广。如果引入一些经验参数(例如原子核的势函数),可以大大加快计算速度,但这不利于该算法的可移植性。因为原子核的势函数往往只能针对某个特定的体系,而且计算结果往往需要相关实验的佐证,若该原子处于另外一个体系,原有的势函数可能不再适用,计算的结果是不可信的。广义第一性原理主要有两大类,一类是以哈特里-福克(Hartree-Fork)自洽场为基础;另一类是以密度泛函理论(density function theory,DFT)为基础。

客观来说,第一性原理计算和基于经验参数的计算是两个极端。第一性原理是根据最基本的物理规律推演得出的结论,而经验参数本身是基于大量实例得出的一个唯象的参数,其通用性受到一定的质疑。但是就某个特定的问题而言,两者之间往往没有明显的界线。如果某些原理或数据来源于第一性原理,但推演过程中加入了一些有说服力的数据和假设,那么这些原理或数据就称为“半经验的”。

考虑到研究多电子系统的电子结构和各种物理特性,本书采用基于密度泛函理论(DFT)的 VASP 软件包进行结构优化和电子结构计算。针对聚乙烯/石墨烯复合材料(PE/G)的结构优化和电子计算开展了研究,使用广义梯度近似(GGA)的 perdew-burke-ernzerhof(PBE)函数来处理交换和相关效应。构建的 H 型和 A 型 PE/G 界面的布里渊区(BZs)分别在 3×5×1 和 3×3×1 的 k 点上进行取样。真空层设置为 20 Å,以最小化材料与材料之间的相互作用。设置 vdW-DF 以考虑范德瓦耳斯校正,所有的几何结构都被完全弛豫,直到总能量收敛到 10^{-5} eV。计算出的石墨烯晶格常数分别为 a(G)= 4.26 Å 和 b(G)= 2.46 Å。聚乙烯的晶体结构参数分别为 a(PE)= 7.18 Å, b(PE)= 4.94 Å,c(PE) = 2.56 Å。

2.1.2　聚乙烯/石墨烯复合材料的结构特征

图 2-1 中显示了 PE/G 界面优化的几何形状，分别构建了石墨烯/聚乙烯的 2 种杂化模型，一种是由聚乙烯和石墨烯的晶格匹配形成的二维异质结构（异质结构类型 H）；另一种是聚乙烯链吸附在石墨烯表面形成的复合结构（吸附类型 A）。如图 2-1(a)和(c)所示，得到了一个 3×2 的石墨烯（24 个碳原子）超胞，与一个 5×2 的聚乙烯超胞（由 20 个—CH_2—单体组成的 2 条链）相匹配，晶格失配率小于 2%，可忽略不计。图 2-1(b)和(d)中描绘的是 A 型掺杂结构，3×4 石墨烯超胞的晶格常数为 a=12.78 Å，b=9.86 Å，吸附的聚乙烯链是由 10 个—CH_2—单体组成的“人”字形构型。表 2-1 中列出了 H 型和 A 型 PE/G 界面的相应关键参数。

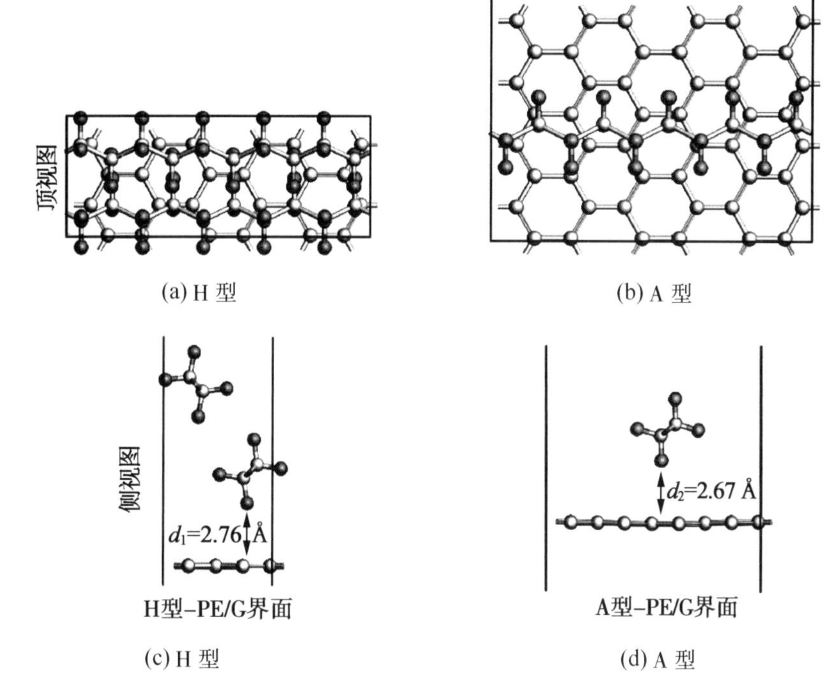

(a) H 型　(b) A 型　(c) H 型　(d) A 型

图 2-1　PE/G 界面优化的几何形状

表 2-1　计算的晶格参数(a、b)、PE 的键长($d_{C—C}$、$d_{C—H}$)、层间距离(d)，以及 H 型和 A 型 PE/G 界面的结合能(E_b)

参数	H 型	A 型
a/Å	12.8	12.78
b/Å	4.93	9.86
$d_{C—C}$/Å	1.536	1.536
$d_{C—H}$/Å	1.103	1.102
d/Å	2.76	2.67
E_b/eV	-0.76	-0.72

石墨烯和聚乙烯之间的间距被调整以探求最稳定的平衡构型。图 2-2 显示了石墨烯和聚乙烯间的结合能与层间距的关系。显然,在 PE/G 界面的情况下,H 型和 A 型的平衡层间距分别为 $d_1=2.76$ Å 和 $d_2=2.67$ Å,如表 2-1 中所列,对应于这两种堆积模式的最低结合能分别为-0.76 eV 和-0.72 eV,负的结合能显示了 PE/G 复合界面的最佳电子稳定性。

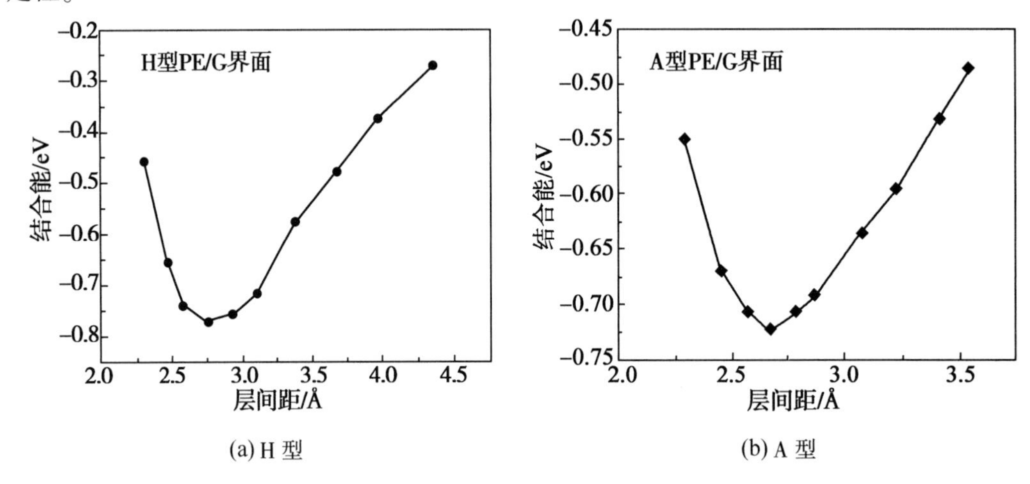

(a) H 型 (b) A 型

图 2-2 石墨烯和聚乙烯间的结合能与层间距的关系

2.1.3 聚乙烯/石墨烯复合材料的电子结构

界面上电子结构的局部扰动可能会大大影响复合材料的电子特性。为了获得 PE/G 界面的电子特性,我们研究了 H 型和 A 型 PE/G 界面的能带结构,分别如图 2-3(a)和(b)所示。费米能级(E_f)被设定为 0 eV。沿着布里渊区的高对称点的路径被选择为 Gamma(G)-X-S-Y- Gamma(G)。类似狄拉克的线性色散可以被折叠到 Y-G 路径上,这被其他矩形晶格石墨烯的带结构所证实。此外,对于 H 型和 A 型 PE/G 界面,在狄拉克点上分别打开了约 128.6 meV 和 67.8 meV 的带隙,这可能是由 PE/G 界面的面内对称性降低引起的。导带最低值(CBM)和价带最高值(VBM)的电子态由石墨烯主导。PE 主要位于价带中,表现出自然的 I 型带排列。PE 的价带边缘存在 2.4 eV 的能量,这主要来自于 PE 的 C 原子 2px 轨道的贡献,在 PE/G 界面上形成一个 p 型肖特基势垒高度(SBH)。值得注意的是,在 PE 中存在明显的平带,位于价带,表明在 PE 中存在相当数量的具有相似动能的量子态。

这种强烈的电子局域对应于态密度中尖峰的形成。从 PE/G 两种类型界面的部分态密度(PDOS)可以看出,PE 和石墨烯的轨道重叠主要位于价带中。因此,了解价带电子状态的调控对于设计聚合物介电材料至关重要。

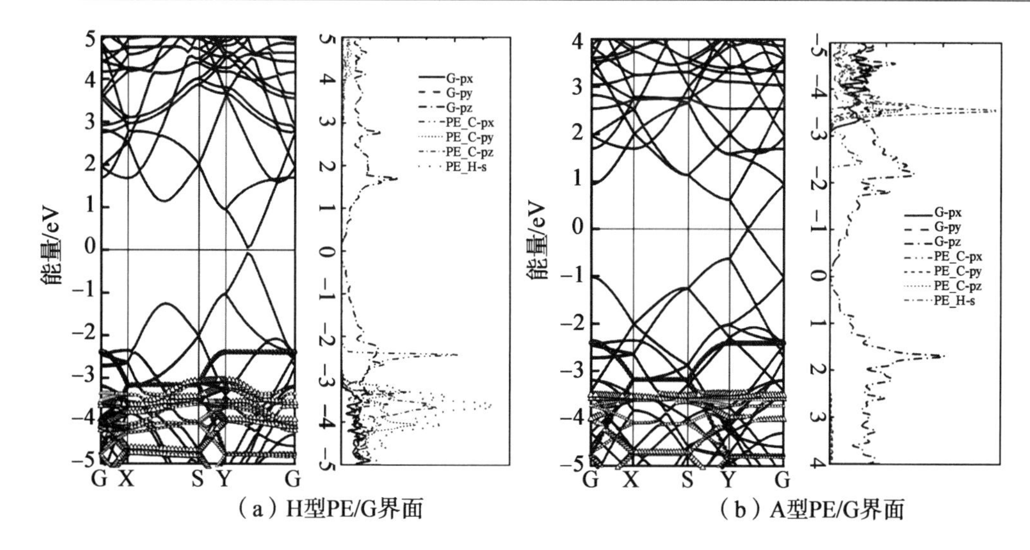

（a）H型PE/G界面　（b）A型PE/G界面

图 2-3　PE/G 界面的能带结构和 PDOS

图 2-4 为 PE/G 界面的平面平均电荷密度与静电电位分布，图 2-4(a)、(b)显示了沿垂直于界面的 PE/G 界面的静电电位。发现大的静电电位 14.0 eV 和 19.4 eV 分别在 H 型和 A 型界面上形成，表明界面上存在一个强静电场。界面上的载流子动力学受到很大影响，导致电荷密度的重新分布，并在 PE/G 界面上形成了界面偶极子。石墨烯的电位比聚乙烯的电位低，所以电子更容易从聚乙烯转移到石墨烯层。此外，电荷在 PE/G 界面之间的重新分布可以通过使用平面平均电荷密度来可视化，如图 2-4(c)、(d)所示。仿真计算结果表明：电荷主要在石墨烯层中积累，而在聚乙烯层中耗尽。最终，石墨烯和聚乙烯层分别形成了一个富电子区和一个富空穴区。电子在 PE/G 界面从 PE 层转移到石墨烯层，这与静电电位的结果相一致。

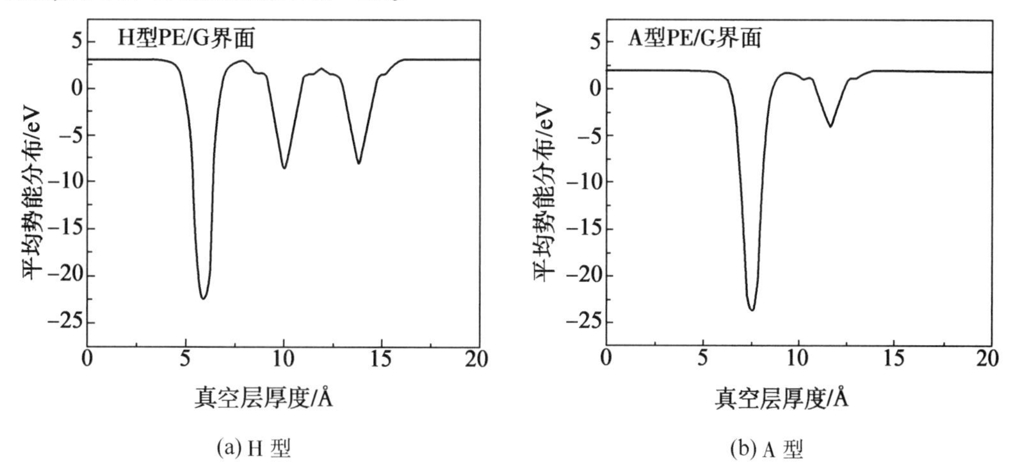

(a) H 型　(b) A 型

图 2-4　PE/G 界面的平面平均电荷密度与势能分布

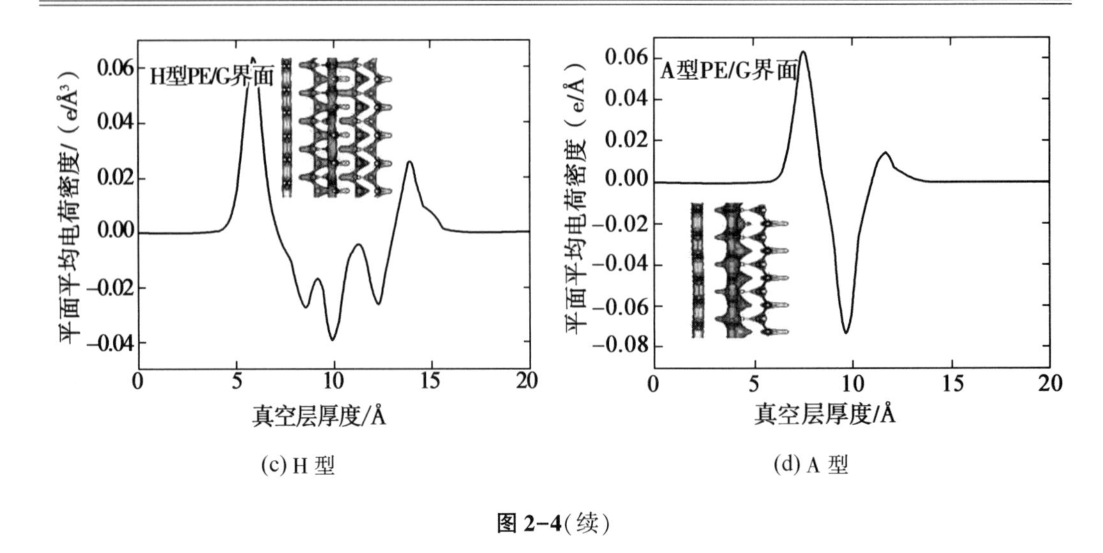

(c) H 型　　(d) A 型

图 2-4(续)

2.1.4 电场对聚乙烯/石墨烯复合材料界面的影响

本节研究了外部电场对 PE/G 界面的电子结构的调制效应。在图 2-5 中,给出了 PE/G 界面在垂直电场下的结构示意图。从石墨烯指向 PE 层的方向被定义为电场的正方向。首先,我们计算了沿 Z 方向的势能差($\Delta\varepsilon=\varepsilon_E-\varepsilon_0$),如图 2-5(a)、(b)所示。这里,$\varepsilon_E$ 和 ε_0 分别代表电场为 E 和 0 时的静电势能。此外,电场强度沿 Z 方向的分布可以通过用公式微分势能差来确定。

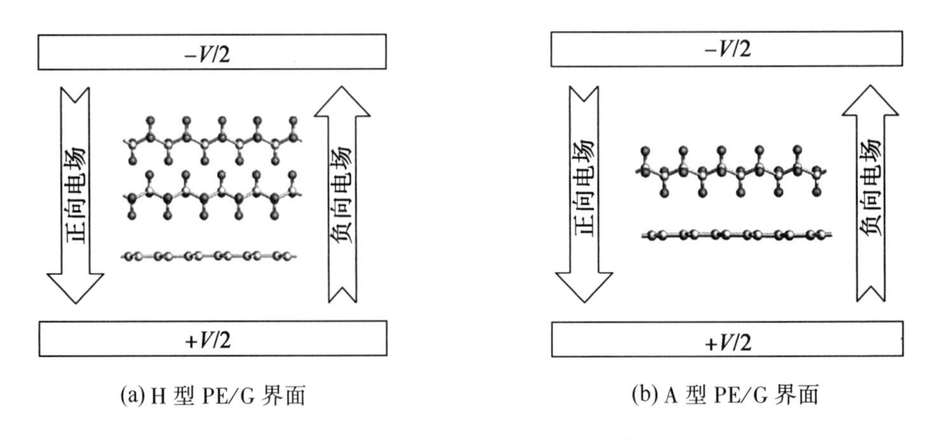

(a) H 型 PE/G 界面　　(b) A 型 PE/G 界面

图 2-5　PE/G 界面在垂直电场下的结构示意图

在图 2-6 中,对应于 PE/G 界面分布的区域位于 5~15 Å 的真空层厚度之间。可以看到,真空中的电场强度实际上与施加的电场强度相等,而在 PE/G 分布区域的电场强度明显减弱。然后,PE/G 界面区域的平均电场强度被认为是有效电场强度。计算结果表明,H 型和 A 型区域的有效电场强度分别约为实际值的 1/2.4 和 1/2。PE/G 界面电场的减少可以归因于界面上与外部电场相反的响应场,直观地反映了材料的电磁屏蔽特性。

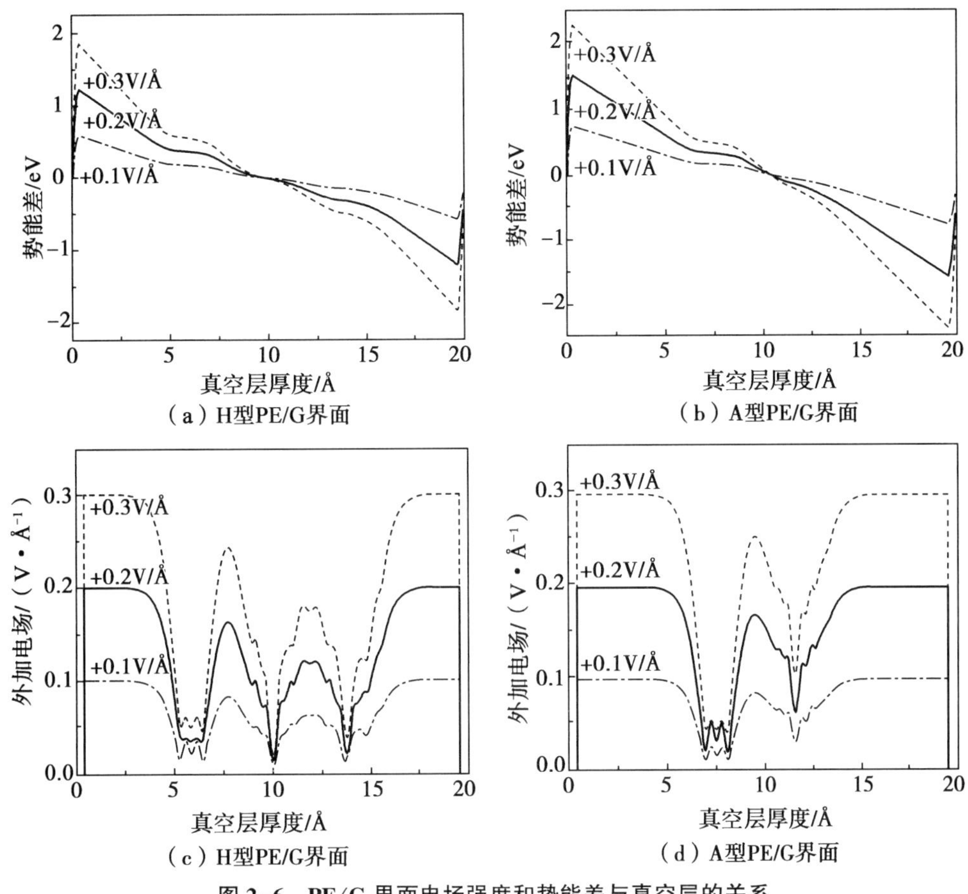

图2-6 PE/G界面电场强度和势能差与真空层的关系

传统的DFT计算通常会低估带隙,但这里只关注带隙结构的变化趋势。图2-7(a)~(d)显示了H型PE/G界面在不同施加电场下的能带结构。计算结果表明,随着负电场的增加,更多的电子克服SBH(2.4 eV),并将电子从PE的价带转移到Dirac点。随后,p型SBH降低,PE的VBM接近费米能级。施加一个-0.8 V/Å的电场可以诱发从肖特基接触到欧姆接触的转变。与负电场影响相反,电子可以从狄拉克点转移到PE的导带。石墨烯贡献的导带显示出明显的向下移动,并靠近费米能级,然而PE的VBM却向上移动了少许。如图2-7(a)、(d)所示,在相反的电场方向作用下,石墨烯的狄拉克锥位于不同的位置,高于费米能级表现出半金属特性,低于费米能级表现出金属特性。因此,外部电场在界面上诱发电荷转移,电子感受到的静电势也相应地发生变化,导致CBM和VBM的能级移动。势垒高度的演变可以更直观地与电介质材料的击穿性能联系起来。

为了更好地描述外部电场对PE/G界面电子特性的影响,进一步研究了施加电场下H型PE/G界面的PDOS,如图2-8(a)~(d)所示。当PE/G界面受到负电场作用时,PE的C原子和H原子的轨道都向费米能级移动,其中C原子的2px轨道占主导地位,并在-0.8 V/Å电场下穿过费米能级,导致p型接触变为欧姆接触。相比之下,PE的C原子的2py和2pz轨道随着正电场的增加向导带的费米能级移动。另一方面,聚乙烯在价带区域的轨道没有变化,而石墨烯的2py轨道则向费米能级靠近。这些结果与H型PE/G界面的能带结构基本一致。

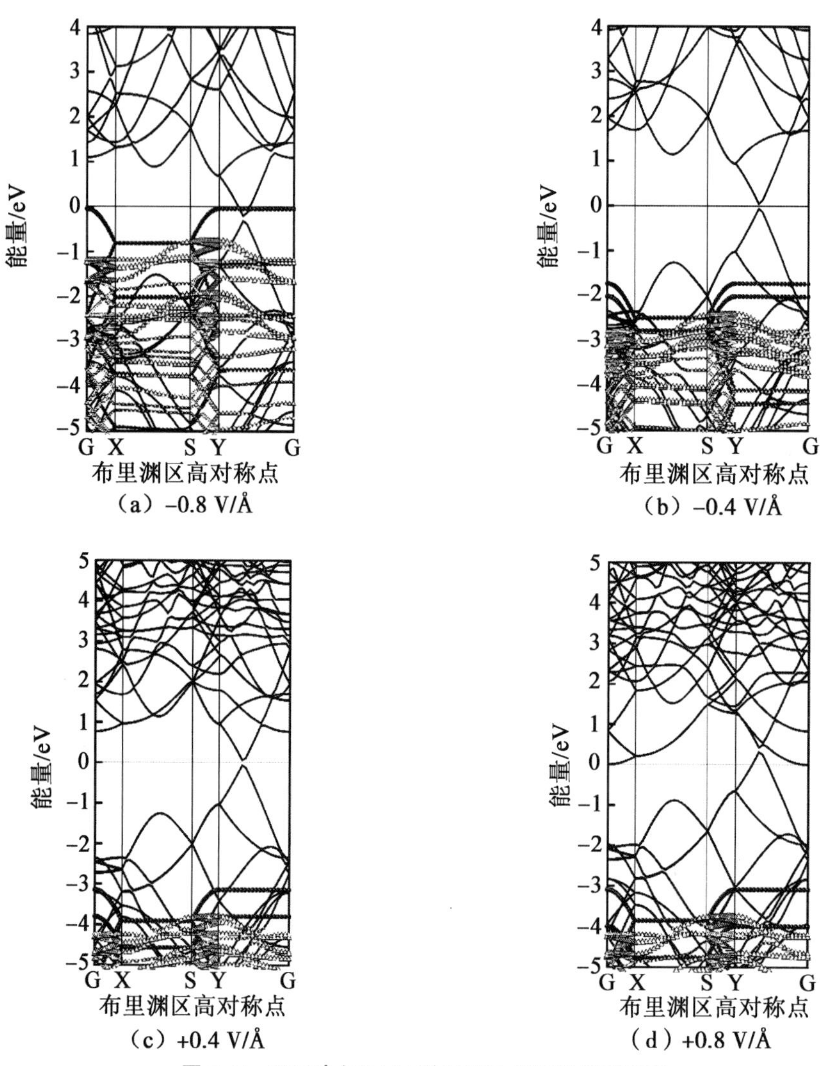

图 2-7 不同电场下 H 型 PE/G 界面的能带结构

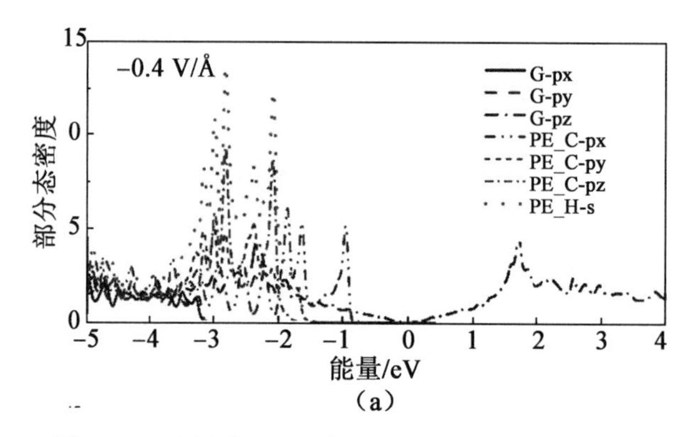

图 2-8 不同电场下 H 型 PE/G 界面的部分态密度图

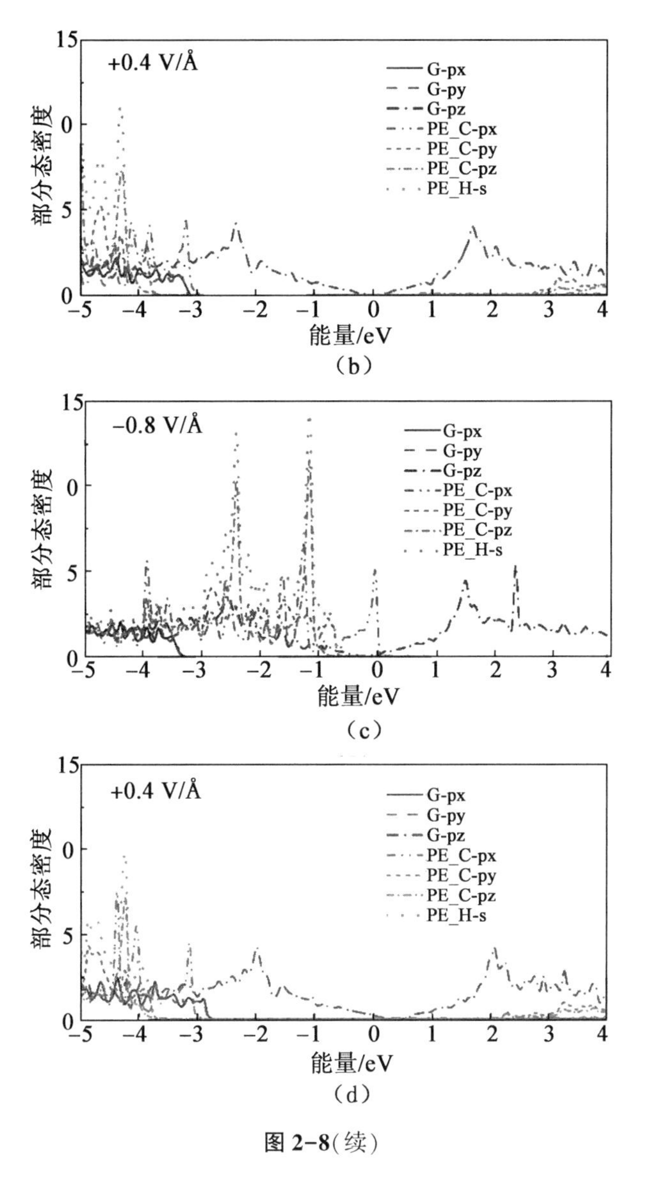

图 2-8(续)

如图 2-9(a)~(d)所示,在负电场下,PE 的 VBM 在费米能级附近逐渐上升,而在正电场下,石墨烯的 CBM 起主导作用,在费米能级附近下降。图 2-10(a)~(d)中描述了 A 型 PE/G 界面的 PDOS。在负电场下,PE 的 C-2px 轨道接近费米能级,相比之下,石墨烯的 2px 和 2py 轨道在施加正电场时接近费米能级。当施加的电场为+0.8 V/Å 时,石墨烯的 2pz 轨道越过费米能级,诱发半金属属性。从上面的讨论中,我们知道 SBH 在负电场中逐渐降低,而且更容易诱导为欧姆接触。与 H 型 PE/G 界面相比,A 型需要更高的电场来切换肖特基势垒以形成欧姆接触。

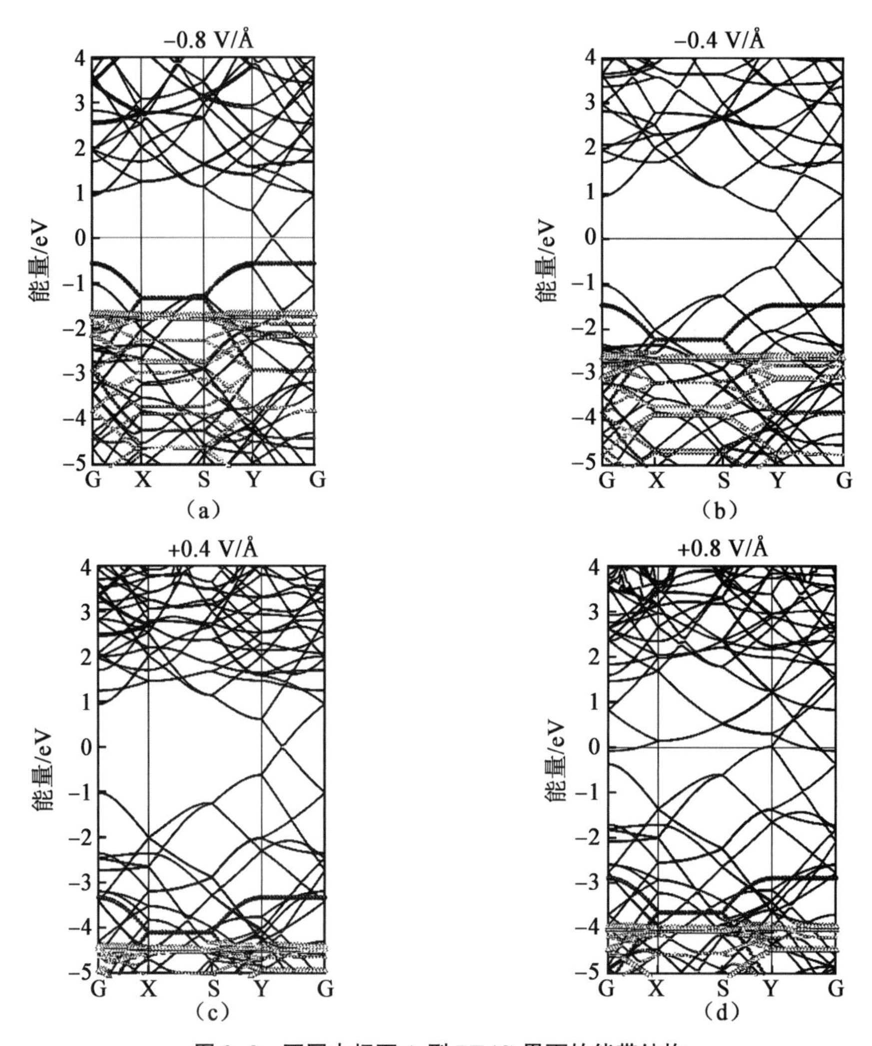

图 2-9 不同电场下 A 型 PE/G 界面的能带结构

利用 DFT 计算研究了石墨烯/聚乙烯界面在外部电场下的电子特性,构建了 2 种复合构型,即 H 型和 A 型 PE/G 界面。H 型和 A 型两者的最低结合能分别为-0.76 eV 和-0.72 eV,表明 PE/G 界面可以很好地保持电子稳定性。此外,对于 H 型和 A 型 PE/G 界面,PE 的堆叠引起在狄拉克点处分别打开了 128 meV 和 67.8 meV 的带隙。费米能级向 PE 层的 VBM 移动,即成为 p 型肖特基接触。电荷转移导致界面偶极子的形成,电荷在石墨烯层积累,在聚乙烯层耗尽。研究发现,电荷极化对电场的强度和方向很敏感,负电场可以有效地调节界面上的 SBH,实现肖特基到欧姆接触的转变,其中 PE 的 C 原子的 2px 轨道起主导作用。与 A 型相比,H 型界面克服了较低的 SBH,形成欧姆接触。

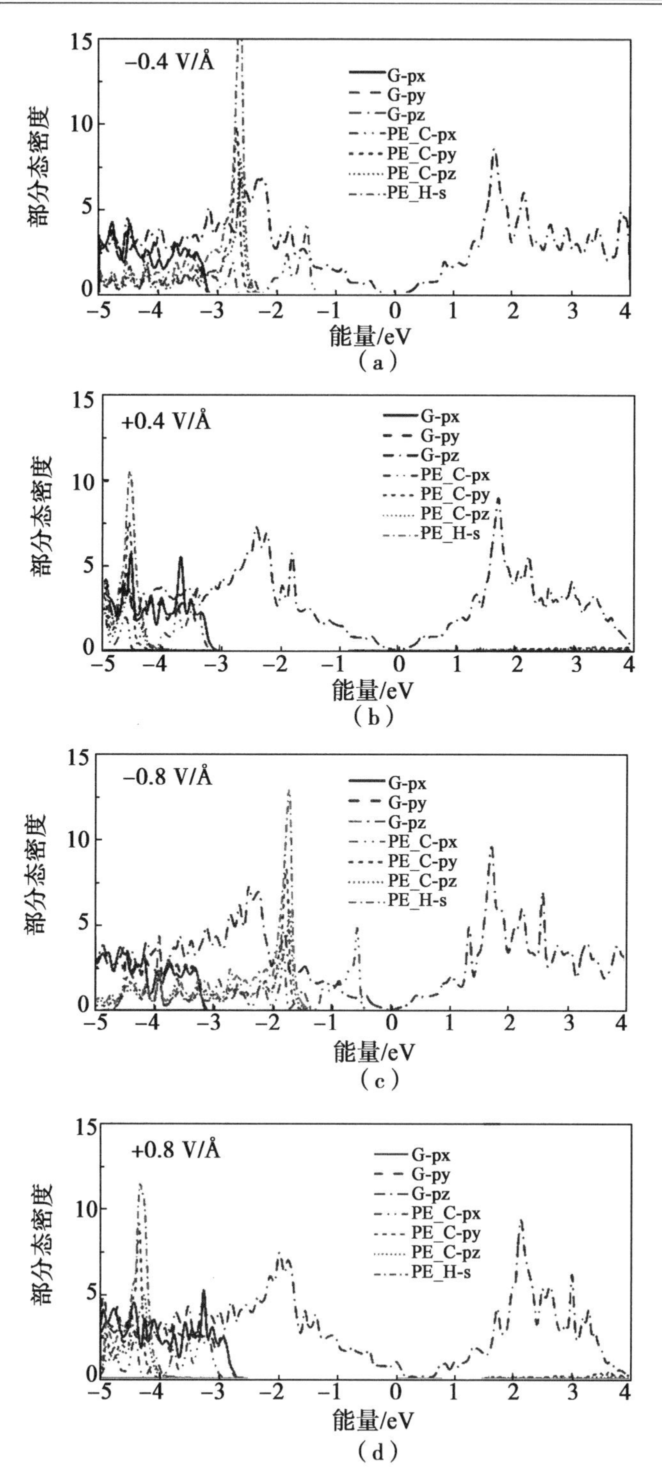

图 2-10　不同电场下 A 型 PE/G 界面的部分态密度图

综上,利用第一性原理方法系统地研究了 2 种聚乙烯/石墨烯(PE/G)界面,即 H 型和 A 型,在不同电场下的结构和电子特性。计算结果表明,H 型和 A 型界面的带隙在不同的电场下具有不同的特性,H 型和 A 型 PE/G 型界面的狄拉克点处分别打开了

128.6 meV 和 67.8 meV 的带隙，同时，石墨烯层周围富集电子和 PE 层周围富集空穴。此外，费米能级向 PE 层的价带顶(VBM)移动，在界面上形成了一个 p 型肖特基接触。当施加垂直于 PE/G 界面的电场时，肖特基接触可以通过调整 PE/G 界面的肖特基势垒高度(SBH)从而转变为欧姆接触。与 A 型 PE/G 界面相比，H 型可以以更低的电场诱导成欧姆接触。

2.2　ZnO/石墨烯纳米复合材料场致相变特性研究

2.2.1　ZnO/石墨烯异质结的稳定性和电子结构

图 2-11 为 ZnO/G 和 ZnO/G/G 界面的几何结构图，该图模拟了二维 ZnO/G 异质结构体系。将一个 3×3 的 ZnO 超胞(9 个锌原子和 9 个氧原子)与一个 4×4 的石墨烯超胞(32 个碳原子)相匹配，二者晶格失配度小于 1%。优化后，计算石墨烯单层和 ZnO 单层的晶格常数分别为 2.47 Å 和 3.29 Å，与前人的结果完全一致。为使异质结晶格失配最小，我们采用的平均晶格常数为 9.86 Å，ZnO 和石墨烯层间的平衡间距为 3.14 Å。异质结形成能计算公式：$E_b=(E_{ZnO/G}-E_{ZnO}-E_G)/m=-1.64$ eV/atom($E_{ZnO/G}$、E_{ZnO} 和 E_G 分别为 ZnO/石墨烯、ZnO 和石墨烯的总能量，m 为晶胞中的原子数)。

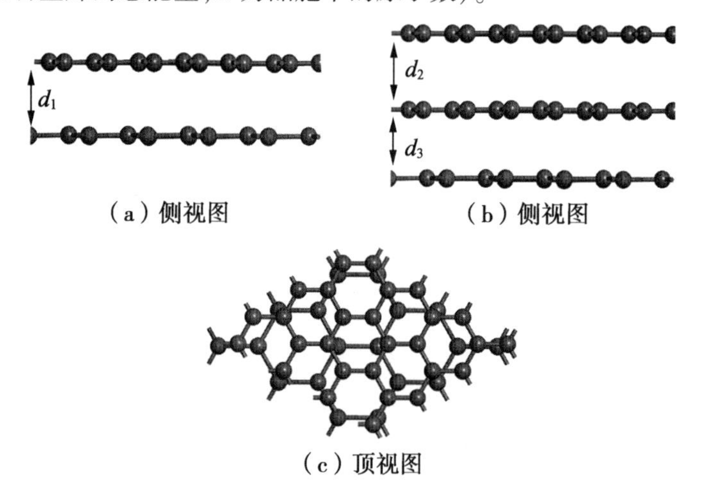

(a) 侧视图　　(b) 侧视图

(c) 顶视图

图 2-11　ZnO/G 和 ZnO/G/G 界面的几何结构图

计算结果表明，二维 ZnO/G 异质结中存在微弱的范德瓦耳斯作用，晶格失配度较小，负的形成能确保 ZnO/G 异质结构优异的热力学稳定性。

为便于理解 ZnO/G 异质结的电子结构随外场的变化，首先给出了石墨烯、ZnO 单层，以及二者形成的异质结的电子能带结构，如图 2-12(a)~(c)所示。计算结果表明，单层石墨烯具有半金属性质，Dirac 点位于 K 点；选取沿 M-K-M 的路径作为布里渊区的高对称点绘制所有能带结构。计算结果表明，混合 ZnO/G 纳米复合材料中的单层石墨烯具有彼此分离的 π 和 π* 带，显示出 21 meV 的窄间隙，这表现为从零间隙半金属到半导体的转变特点。而单层 ZnO 是直接带隙(1.62 eV)半导体，这与之前的结果保持一致。DFT

计算通常低估了带隙,这里主要关注 ZnO/石墨烯纳米复合材料的带隙变化趋势,得到比较定性的结果。可以清楚地看到能带 Zn/G 异质结基本上是石墨烯超胞和 ZnO 超胞的简单堆叠,确保了石墨烯和单层 ZnO 的本征电子性质在 ZnO/G 异质结中得到了很大程度的保留。

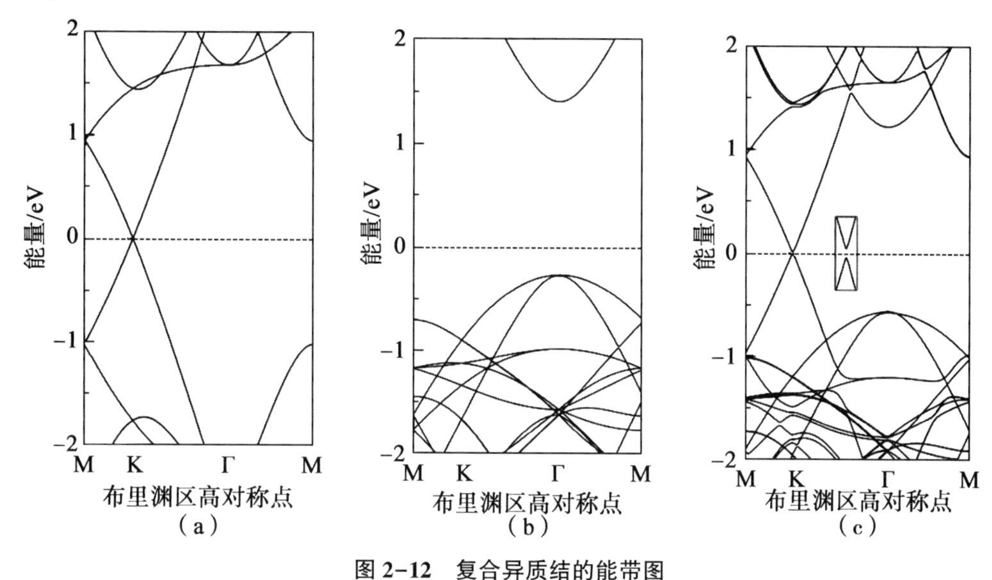

图 2-12 复合异质结的能带图

遵循肖特基-莫特规则,n 型肖特基势垒(Φ_n)和 p 型肖特基势垒(Φ_p),被定义为$\Phi_n = E_C - E_F$ 和 $\Phi_p = E_F - E_V$,E_C、E_V 和 E_F 分别是 ZnO 单层的导带底、价带顶以及 ZnO/G 异质结的费米能级。计算发现,$\Phi_n = 1.24$ eV,$\Phi_p = 0.56$ eV,因此形成了 p 型肖特基接触,ZnO/G 异质结具有典型的非线性 $I-V$ 特性。

2.2.2 电场作用下 ZnO/石墨烯异质结的电子结构

沿石墨烯到 ZnO 层垂直方向施加正向电场,同时研究外加反向电场对 ZnO/G 异质结电子结构的影响。我们在电场强度为−1.5~1.5 V/Å 的范围内分析了 ZnO/G 的能带结构变化。在外加电场作用下,类似于石墨烯在 MoS_2、$Ca(OH)_2$ 和 SnS 衬底上的理论研究,在 ZnO/G 异质结构中 ZnO 单层能带发生了从肖特基接触向欧姆接触的转变,且电场强度变化范围为−1.1~+1.1 V/Å,ZnO/G 界面先后形成了 n 型和 p 型 2 种类型的肖特基接触。

图 2-13 中展示了 ZnO/G 异质结能带结构对外加电场的响应。从图 2-13(a)~(c)可以看出,在正向电场作用下,ZnO 单层的价带顶(VMB)上升过了费米能级,导致异质结从本征的 p 型肖特基接触转变为欧姆接触,实现了从半导体到金属的相变。电场强度在 1.1~0.5 V/Å 范围内,ZnO/G 异质结发生了从 p 型到 n 型肖特基的转变,如图 2-13(d)~(f)所示。随着外加电场的增大,更多的电子从石墨烯的 Dirac 点转移到 ZnO 的导带,当电场达到±1.1 V/Å 以上时,ZnO 单层的导带边(CMB)穿过了费米能级,电场诱导下实现了由肖特基接触向欧姆接触的转变,ZnO/G 的带隙由直接带隙变为间接带隙。值得注意的是,无论施加一个正的或负的电场,狄拉克锥仍然向上移动。

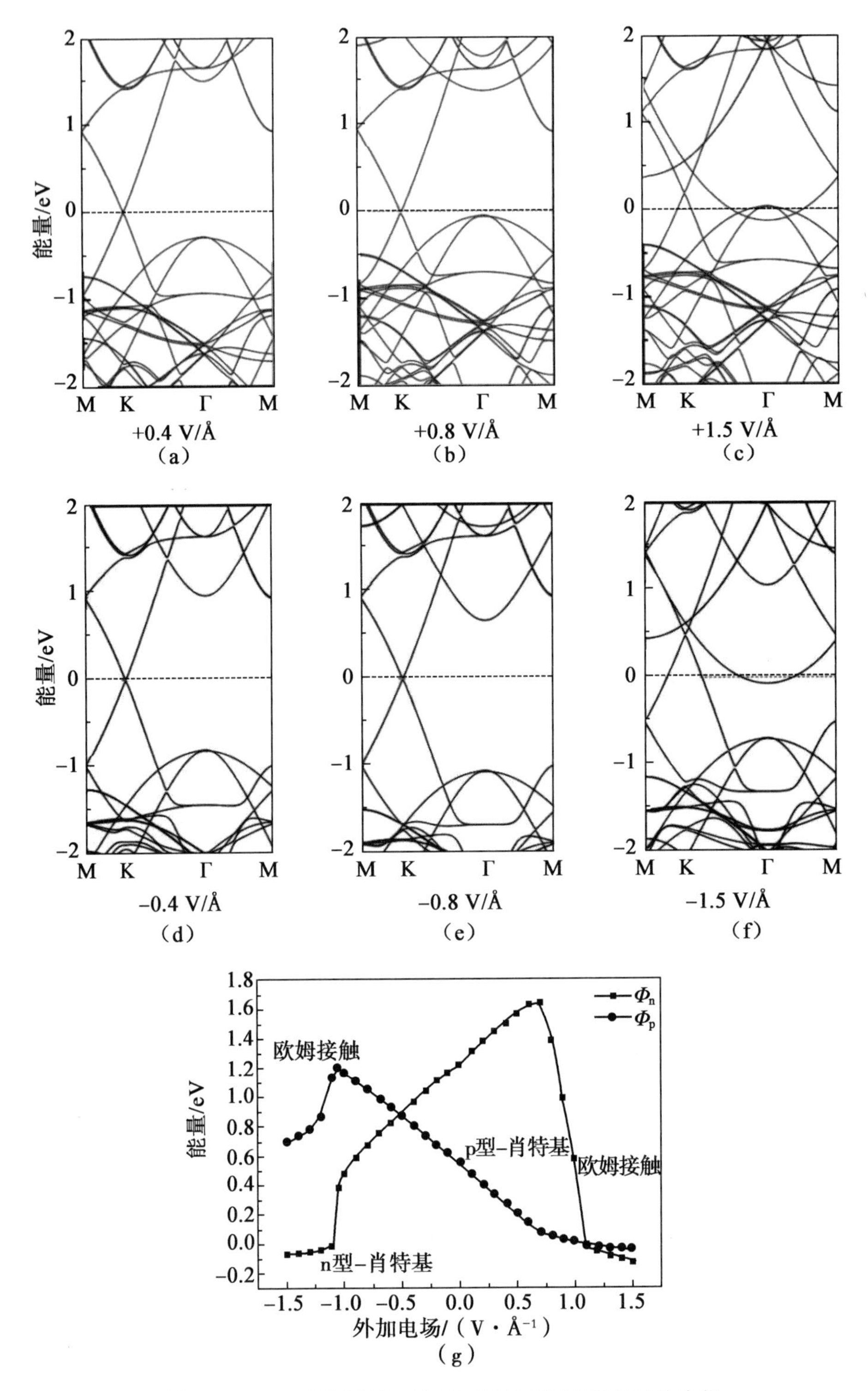

图 2-13 ZnO/石墨烯异质结在不同电场下的能带结构变化

此外,肖特基势垒(Φ_n、Φ_p)随电场强度的变化如图 2-13(g)所示。在垂直于界面施加正向电场时,n 型肖特基势垒 Φ_n 增加,在+0.7 V/Å 处迅速下降;p 型肖特基势垒 Φ_p 随着电场的逐渐增加而单调下降。相反,在反向电场作用下,肖特基势垒 Φ_n 缓慢减小,而 Φ_p 则先增大后减小。基于以上分析,可以得出 ZnO/G 异质结构经历了从半导体态到金属态的转变。

为了进一步了解 ZnO/G 在外加电场作用下的电学性质,我们计算了 ZnO/G 的部分态密度(PDOS),如图 2-14 所示。当实施有效的电场时,可以看出 Zn 的 d 轨道(Zn-3d)和 O-2p 轨道在价带地区逐渐接近费米能级,导致能带隙减小,在反向电场作用下,C-2p 和 O-2p 轨道在接近和跨越费米能级中起主导作用。特别是在反向电场为-0.8 V/Å 处,价带区 Zn-3d 和 O-2p 轨道有远离费米能级的趋势,形成 n 型肖特基势垒。PDOS 计算结果与能带结构吻合较好,基于 PDOS 和 ZnO/G 的 CBM 几乎由石墨烯的 C-2p 轨道主导,而 VBM 主要由 ZnO 的 O-2p 轨道贡献,表现出典型的Ⅱ型半导体能带特性,这非常有利于电子-空穴分离。Ⅱ型能带排列的存在促进了电子-空穴对的分离,增加了自由载流子密度。在价带区域,只有 C 的 2p 轨道与 Zn 的 3p 轨道有轻微重叠,反映了 ZnO/G 异质结构中层间的弱相互作用。

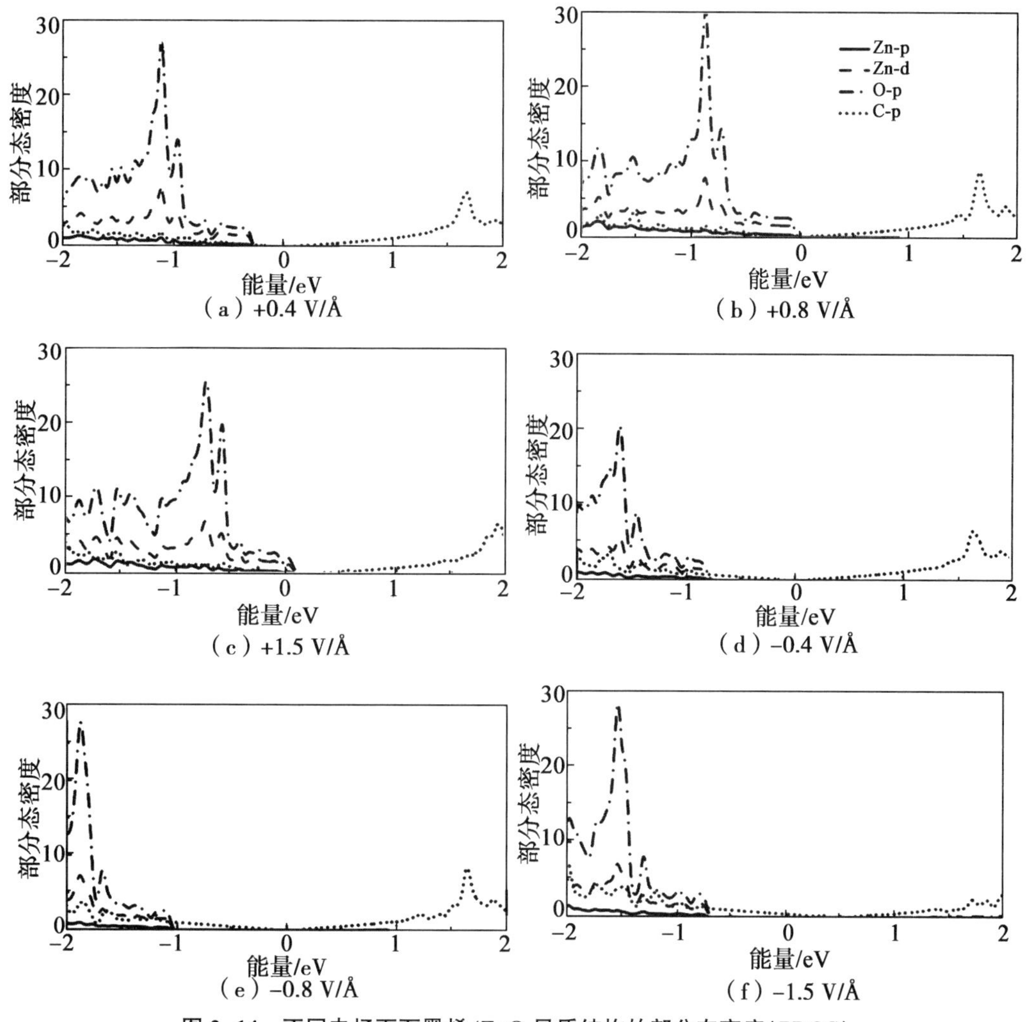

图 2-14　不同电场下石墨烯/ZnO 异质结构的部分态密度(PDOS)

功函数定义为费米能级与真空能级之差。功函数越大,电子离开金属的难度就越大。为了进一步理解电荷转移及其物理意义,图 2-15(a)为 ZnO/G 异质结的能带示意图,图 2-15(b)绘制了 ZnO/G 异质结的功函数。计算得到的石墨烯和 ZnO 的功函数分别为 4.26 eV 和 4.94 eV,表明石墨烯的功函数低于 ZnO。因此,当 ZnO 材料接触石墨烯时,电子从石墨烯转移到 ZnO 层。ZnO/G 复合材料的功函数随电场强度的增大而增大,这表明电子将趋于不稳定,推断材料的导电性可能增强。

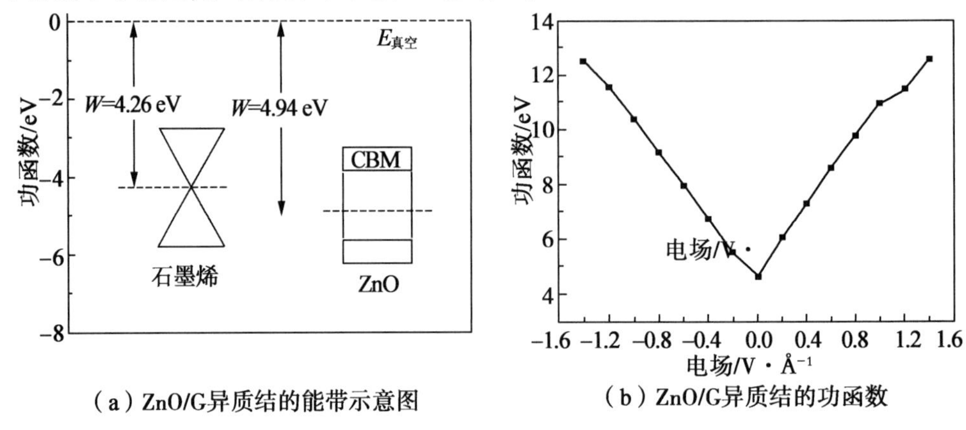

(a) ZnO/G异质结的能带示意图 (b) ZnO/G异质结的功函数

图 2-15 ZnO/G 异质结的能带示意图和 ZnO/G 异质结的功函数

图 2-16 为不同电场下 ZnO/G 纳米复合材料的巴德电荷分析,其中 C 和 Zn 原子总是倾向于将电子提供给 O 原子。证实了在电子结构分析中,无论施加的是正电场还是负电场,狄拉克锥仍在向上移动这一发现。

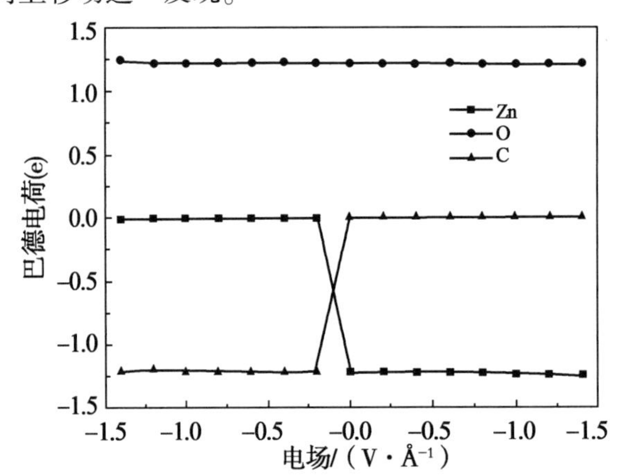

图 2-16 不同电场下 ZnO/G 纳米复合材料的巴德电荷分析

2.2.3 电场作用下石墨烯/石墨烯/ZnO 异质结构的电子结构

我们研究了在 1.0~1.0 V/Å 外场作用下,ZnO/石墨烯/石墨烯复合材料的电子能带结构及肖特基势垒(Φ_n、Φ_p)的变化,如图 2-17 所示。可以看出,在 ZnO/G/G 异质结构中,尽管带隙很小,但石墨烯的 2 个 Dirac 点均被打开。在负方向电场作用下,ZnO/G/G 的 CBMs 费米能级向下移动,导致在-0.3 V/Å 电场时,p 型肖特基势垒转变为 n 型肖特基势垒,反向电场继续增加到 0.9 V/Å 时,形成欧姆接触。当外加正电场时,ZnO/G/G 的

VBMs逐渐接近费米能级,并在电场达到+0.6 V/Å时移动到费米能级以上。因此,外场可以调控ZnO/石墨烯/石墨烯实现半导体到导体的转变。

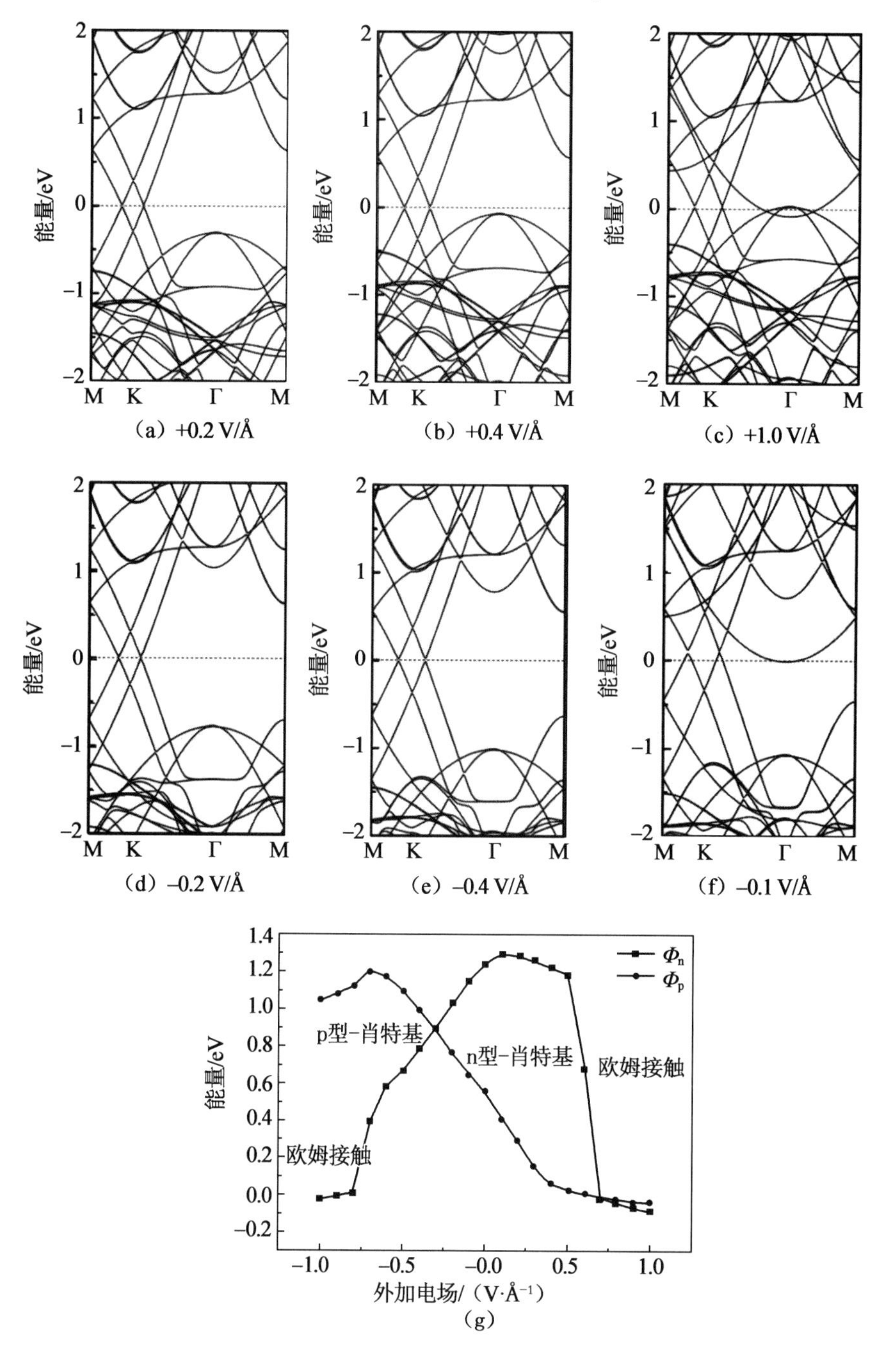

图2-17　不同外加电场下ZnO/石墨烯/石墨烯复合材料的电子的能带结构及肖特基势垒(Φ_n,Φ_p)的变化

不同电场作用下ZnO/G/G纳米复合材料的部分态密度(PDOS)(图2-18)中给出结果与ZnO/双层石墨烯纳米复合材料的电子能带结构变化非常吻合。分析表明,在施加正向电场的情况下，肖特基势垒在反向电场的情况下相对较小，电子更容易克服势垒，更易于形成欧姆接触。此外，与 ZnO/G 相比，ZnO/G/G 纳米复合材料可以在较低的电场下实现肖特基和欧姆接触的转变，ZnO/G/G 三层异质结对电场的敏感性要比 ZnO/G 双层异质结更好，添加石墨烯层可作为有效手段来实现低偏置电压下从绝缘/半导体到金属的相变。

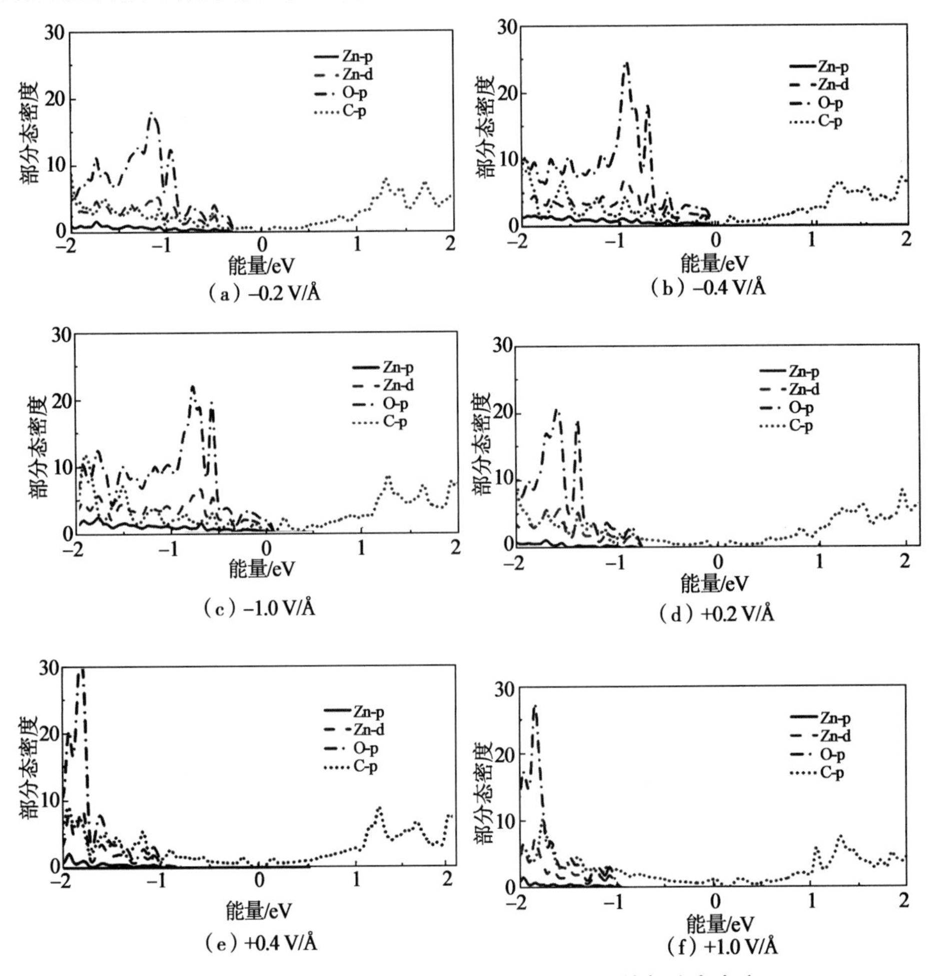

图 2-18　不同电场作用下 ZnO/G/G 纳米复合材料的部分态密度(PDOS)

上述工作研究了石墨烯/ZnO 异质结构在外加电场作用下的电子性能。结果表明，在 vdW 相互作用下，ZnO 的异质结构保持了 ZnO 的固有特性。与此同时，与 ZnO 的接触使得石墨烯的 k 点处 Dirac 锥打开一个小的带隙。此外，考虑 ZnO/G 和 ZnO/G/G 异质结构，发现负电场的作用可以灵活调节 p 型肖特基向 n 型肖特基的跃迁，而正电场可以诱导 p 型肖特基向欧姆接触的跃迁。当施加正电场时，价带区锌的 3d 轨道和氧的 2p 轨道逐渐接近费米能级并跨越费米能级，而负电场时氧和碳的 2p 轨道起主导作用。与 ZnO/G 材料相比，ZnO/G/G 异质结中肖特基势垒类型转换和导电接触类型转变所需要的调控电场强度更低。因此，通过施加电场形成低电阻欧姆接触对自适应电磁脉冲防护材料设计具有重要意义。

第3章　基于机器学习的场致导电石墨烯复合材料优化设计方法

3.1　机器学习过程与性能训练

3.1.1　机器学习训练过程

机器学习过程旨在构建基于电场调节的聚合物/石墨烯体系电性能的回归精度模型。基于机器学习模拟电场调制石墨烯复合物电特性工作流程流程图如图3-1所示。整个机器学习过程如下。首先,研究中使用的一维单链聚合物结构是从Pubchem数据库中获得的,该数据库包含了广泛的聚合物小分子结构和材料性质。然后,选择37种聚合物构建聚合物/石墨烯(Pys/GN)复合材料,将聚合物分子吸附在石墨烯上,表3-1中给出了37种聚合物的结构组成,其中1~20为链状聚合物,21~37为环状聚合物。随后,将外加电场作用于复合结构中,通过高通量密度泛函理论(DFT)对双层元件的原子位置进行优化,并计算相应的电子性质。正如之前所观察到的,电场效应可以调节聚合物/石墨烯薄膜的结构变形、介电性能和电子性能。计算并分析了电场作用下聚合物HOMO(最高占据分子轨道)与LUMO(最低未占分子轨道)的相互作用、层间距(d)、吸附能(E_{ads})和介电常数(ε)。此外,机器学习使我们能够以Pubchem上提取的聚合物的物理化学性质和电场作为特征标签来预测聚合物HOMO和LUMO的电场转换。使用396(80%)材料训练ML模型,使用80(20%)材料对训练模型进行测试。构建GBDT、XGBoost、RF和SVR回归算法的5种ML模型。采用决定系数(R^2)、均方根误差(RMSE)和平均绝对误差(MAE)3个评价标准对ML模型的预测性能进行综合评价。R^2值接近于1,说明ML模型拟合较好。MAE和RMSE反映了预测值与真实值之间的偏差,RMSE越小,估计的精度越高。此外,分析了特征的重要性,以证明电场对Pys/GN结构的有效调节。

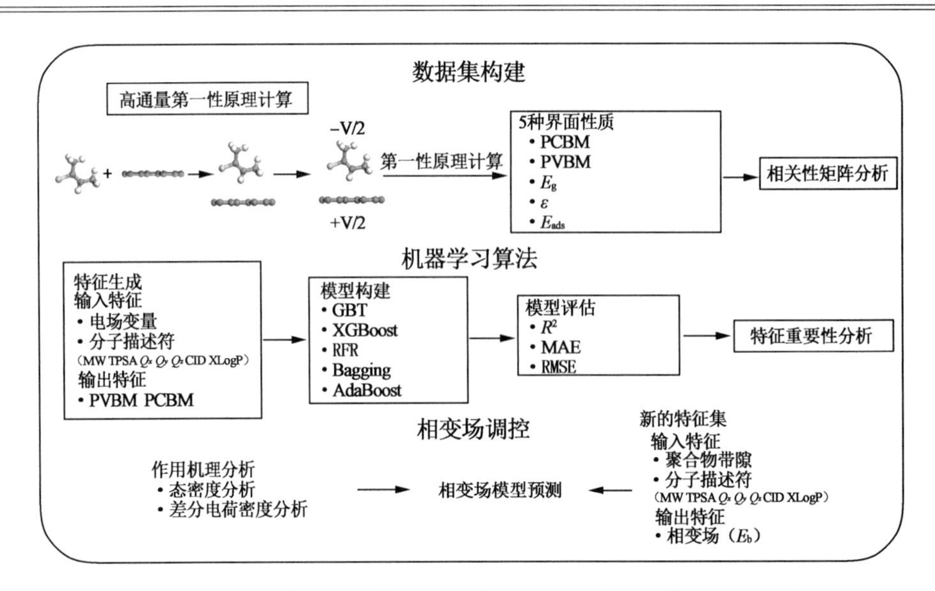

图 3-1 基于机器学习模拟电场调制石墨烯复合物电特性工作流程图

表 3-1 标记为 P1～P37 的聚合物的同分异构体 SMILES 号

标签	聚合物异构体 SMILES	标签	聚合物异构体 SMILES
P1	C═C	P20	C═COC═C
P2	CC(═C)C(═O)OC	P21	CC1═CC═C(C═C1)C
P3	CC═C	P22	C1═CNC═C1
P4	C═C(F)F	P23	C═CC1═CC═CC═C1
P5	C═CC(═O)O	P24	C1═CC═C(C(═C1)N)N
P6	C(═CC═O)Cl	P25	C1═CSC═N1
P7	C═CC═N	P26	C1═CC═C2C(═C1)NC═N2
P8	CC(═C)C═C	P27	C1═C2C(═CC3═C1NC═N3)N═CN2
P9	CC(═C)C	P28	C1═CC═C2C(═C1)N═CS2
P10	C═CC(═C)Cl	P29	C1CCCC1
P11	CCCCCC(═O)N	P30	C1═CC═CC═C1
P12	CO	P31	CC1═CC═C(C═C1)[Si]O
P13	CCCO	P32	C1═CC═C(C═C1)O
P14	CCF	P33	C1═CC═C(C═C1)S(═O)(═O)C2═CC═CC═C2
P15	C(C(F)F)(F)F	P34	C1(═CC═CC═C1C═O)O
P16	CCOC(═O)C═C	P35	C1═CC═C2C(═C1)C(═O)NC2═O
P17	CCO	P36	C1═NN═CS1
P18	C═CC(═O)N	P37	CC(═C)C1═CC═CC═C1
P19	CCCl		

在本书的研究中，基于密度泛函理论（DFT）的几何和电子计算在 VASP 代码中实现。交换效应和相关效应采用了广泛采用的材料模拟方法——广义梯度近似（GGA）的 Perdew-Burke-Ernzerhof (PBE)泛函来处理。在 5×5×1k① 点处采样界面的布里渊区（BZs），真空空间设置为 20 Å，以避免不必要的板与板之间的相互作用。范德瓦耳斯（vdW）校正因子在 vdW- DF② 水平上考虑。所有几何形状都完全松弛，直到总能量收敛到 10^{-5} eV，最大力为 0.001 eV/Å。在 430 eV 的截止能量下实现了界面系统的几何优化，收敛准则中能量为 1×10^{-5} eV，力为 0.03 eV/Å，位移为 0.002 Å。使用 14×14×1k 网格获得了状态的部分密度（PDOS）等属性。吸附能（E_{ads}）的定义为 $E_{ads}=E_{sum}-(E_{esubate}+E_{subate})$，其中 E_{sum} 为界面体系的总能量，$E_{esubate}$ 为分子能量，E_{subate} 为石墨烯底物的能量。

3.1.2 机器学习训练评估指标

经过模型训练和参数整定，得到不同精度的回归算法。计算算法的误差和输入输出之间的相关系数，以评估算法的通用性。不同模型的质量可以使用 3 个常用指标来准确评估：决定系数（R^2）、平均绝对误差（MAE）和均方根误差（RMSE），计算方法分别见公式（3-1）至式（3-3），R^2 值接近 1 表明 ML 模型拟合良好，估计精度高。MAE 和 RMSE 捕获预测值和真实值之间的偏差。较低的 MAE 和 RMSE 值表示更理想的训练模型。为了保证模型的准确性，将数据集随机分为训练集和测试集共 20 次，所显示的评价指标为这 20 次评价的平均值。

$$R^2 = 1 - \frac{\sum_i (y_{true} - y_{pred})^2}{\sum_i (y_{true} - y_{avg})^2} \tag{3-1}$$

$$MAE=\frac{1}{N}\left| y^i_{pred}-y^i_{true} \right| \tag{3-2}$$

$$RMSE = \left[\frac{1}{N}\sum_i^N (y^i_{pred} - y^i_{true})^2\right]^{\frac{1}{2}} \tag{3-3}$$

式中，N 为数据集中的样本个数；y_{true} 和 y_{pred} 分别为实际值和预测值；y_{avg} 为所有样本实际值的平均值。

3.1.3 机器学习训练结果分析

随机森林是通过集成学习的 Bagging 思想将多棵树集成的一种算法，它的基本单元就是决策树。XGBoost（extreme gradient boosting）极致梯度提升是一种基于 GBDT 的算法。XGBoost 的基本思想和 GBDT 相同，但是做了一些优化，比如二阶导数使损失函数更精准，正则项避免树过拟合，Block 存储可以并行计算等。XGBoost 具有高效、灵活和轻便的特点，在数据挖掘、推荐系统等领域得到了广泛的应用。利用 XGBoost 回归、随机森林、

① k 代表在第一布里渊区内一个可能的量子态，计算能带的时候，需要设置 k 点的值。

② vdW-DF 是一种用于密度渊函理论计算中交换-关联泛函，用来描述材料中的范德瓦尔斯相互作用。

GBDT、SVR 和 KRR 算法对构建的数据集进行训练,结果显示机器学习获得的训练数据与测试集数据在聚合物的两个界面属性(HOMO、LUMO)上的具有一致性。其中 XGBoost 回归表现出最优的拟合结果。同时,为了更直观地反映模拟值与预测值之间的差异,图 3-2(a)和 3-2(b)给出了 XGBoost 回归算法的 HOMO 和 LUMO 模型的真实值与预测值的散点分布图。其中,x 轴为模拟值,y 轴为预测值。虚线是理想的预测线,离虚线越远,预测结果越差。计算结果表明,在 XGBoost 回归算法下,DFT 计算和 ML 预测的误差较小,表明预测结果的有效性。

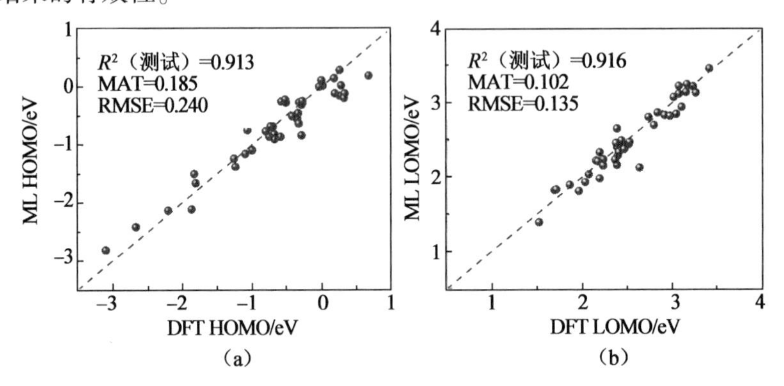

图 3-2 XGBoost 回归方法预测聚合物 HOMO 和 LOMO 与 DFT 计算值之间的散点图

聚合物宽带隙的调制决定了 Pys/GN 复合材料的导电性能。本章利用机器学习(ML)方法建立了电场作用下 Pys/GN 复合材料 HOMO 和 LUMO 的预测模型。为了评价 5 种不同算法在 HOMO 和 LUMO 上的预测性能,本章分析了测试集的决定系数(R^2)、均方根误差(RMSE)和平均绝对误差(MAE)3 个评价标准,见表 3-2。决定系数(R^2)是表示回归模型与数据拟合优度的统计度量。R^2 值较高表明回归模型准确地捕捉了输入变量(电场和界面属性)与输出变量(HOMO 和 LUMO)之间的潜在关系。R^2 值接近于 1,说明 ML 模型拟合较好。MAE 和 RMSE 反映了预测值与真实值之间的偏差,RMSE 越小,估计的精度越高。本章在 80%的数据集上测试了 Pys/GN 复合材料中聚合物在电场作用下的能带结构,结果表明 5 种 ML 算法能够准确地描述 HOMO、LUMO 与电场的关系。在预测 LUMO 模型中,XGBoost 的检验值 R^2 最高,为 91. 3%,对于 LUMO 的 R^2 值为 91. 6%。GBT(89. 9%和 83. 3%)和 RF 回归(86. 6%和 78. 0%)也显示出不错的准确性,相比之下,SVR 回归(70. 4%和 66. 7%)要低得多。5 种算法的准确度从大到小依次为:XGBoost>随机森林>GBT>SVR>KRR。因此,XGBoost 算法能够获得有效的机器学习模型来描述电场作用下聚合物 HOMO 和 LUMO 微观特性的演化规律。机器学习方法与第一性原理的结合大大降低了计算成本,同时为电场诱导聚合物/石墨烯复合材料电学性能的实验探索提供了理论指导。

表 3-2 5种基本模型在测试集上的评价结果

模型	HOMO/eV			LUMO/eV		
	R^2	MAE	RMSE	R^2	MAE	RMSE
XGB	0.913	0.185	0.240	0.916	0.102	0.135
RFR	0.866	0.219	0.262	0.780	0.161	0.237
GBT	0.899	0.193	0.265	0.833	0.136	0.191
SVR	0.833	0.198	0.311	0.721	0.206	0.310
KRR	0.704	0.281	0.394	0.667	0.235	0.322

此外,本章还对以聚合物的 HOMO 和 LUMO 模型的特征重要性进行了分析,采用 XGBoost 回归算法计算聚合物 HOMO 和 LUMO 模型各特征的特征重要性排序,如图 3-3 所示。从图 3-3 排名中可以发现,电场的重要性在各特征中排名第一,这反映了电场对 CBM 调控的影响最大,验证了本章模型实现了电场对石墨烯/聚合物复合材料的聚合物的微观电子性质(HOMO 和 LUMO)调控的预测。同时,本章也对部分依赖性进行了分析,得到 HOMO 的 LUMO 和电场是正相关的,随电场的增大,费米能级是靠近 HOMO 移动的。偏相关图(pdp)通过平均所有数据来描述标签变量对目标特征的边际效应,如图 3-4 所示。pdp 用于可视化 HOMO 和 LUMO 的电场依赖性,结果表明,HOMO 和 LUMO 的能量随电场的增加而增加。

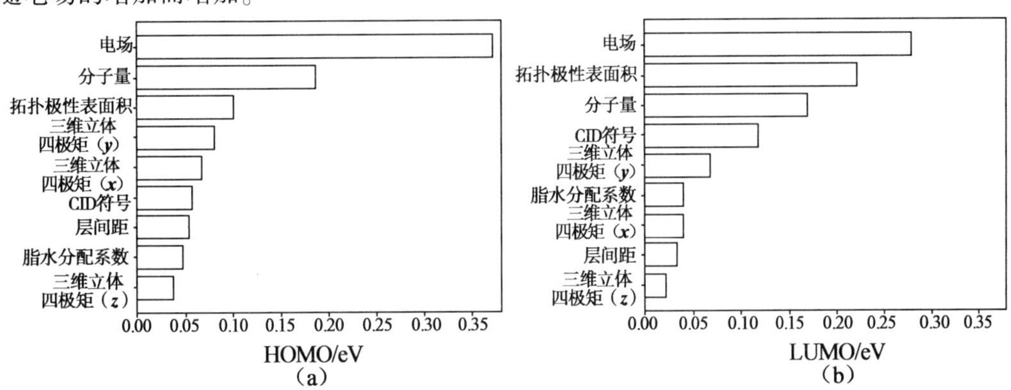

图 3-3 聚合物 HOMO 和 LUMO 预测模型的特征重要性排序

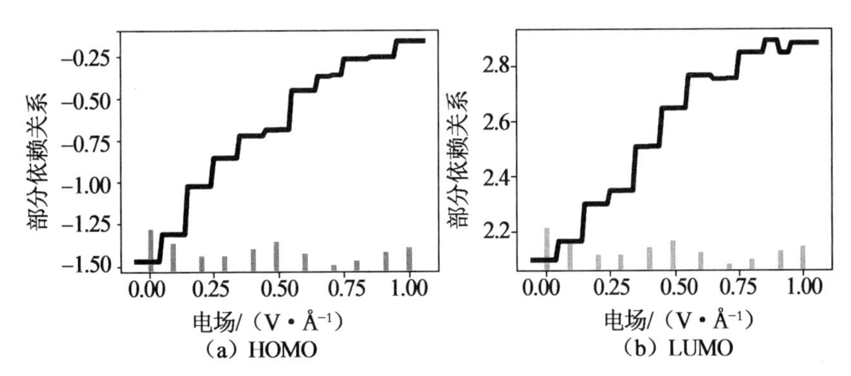

图 3-4 聚合物 HOMO 和 LUMO 预测模型对电场的部分依赖图

图 3-5 为用 DFT 计算聚合物 HOMO 和 LUMO 之间的散点分布。当 HOMO 大于 0 时，表明 HOMO 已经越过费米能级，表明 Pys/GN 复合材料的导电态由绝缘态转变为金属态。

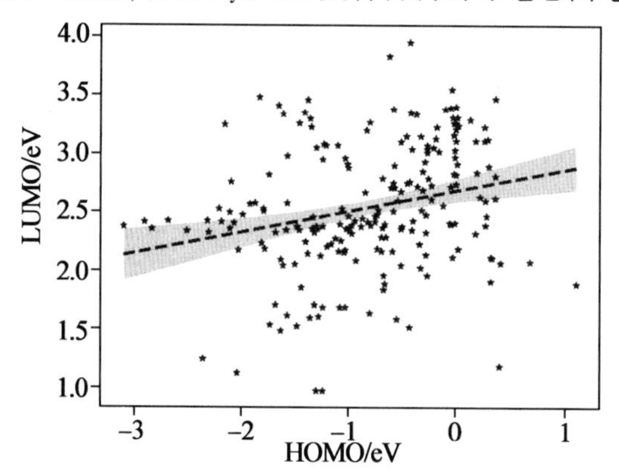

图 3-5 用 DFT 计算聚合物 HOMO 和 LUMO 之间的散点分布

电场作用下 Pys/GN 复合材料 5 种界面特征的相关矩阵如图 3-6 所示。从矩阵图中可以得到很多关于界面属性之间相互作用的信息。除 ε 与电场负相关外，其他界面性质均与电场正相关。其中，HOMO 和 LUMO 与电场呈较强的负相关，相关系数分别为 0.48 和 0.56，说明电场对 HOMO 和 LUMO 的影响显著。此外，可以看出 ε 与 HOMO 的相关系数为 0.35，为正相关。ε 与 LUMO 呈负相关，相关系数为-0.26。E_{ads} 与 HOMO 为-0.10，呈负相关。E_{ads} 与 LUMO 呈显著正相关，相关系数为 0.22。出现上述结果可能的原因是 E_{ads} 增大，复合材料中的电荷从聚合物的导带转移到价带和石墨烯层，导致聚合物的 LUMO 增加，HOMO 减少。此外，E_{ads} 与 d 的正相关系数为 0.26，表明层间距越小，E_{ads} 值越负，电场作用下聚合物与石墨烯之间的吸附越强。层间距越小，聚合物与石墨烯之间的吸附越强，这可能导致介电常数的增加。相应地，d 对聚合物的 HOMO 和 LUMO 没有直接显著的影响。

本章最终对 37 种聚合物/石墨烯复合结构进行了相变场的统计，提取了相变场相对较低的聚合物/石墨烯复合结构，如图 3-7 所示，可以看出环状聚合物占比更多一些。

为了深入了解聚合物/石墨烯界面在电场作用下的不同行为，我们计算了不同电场作用下的电荷密度差（ρ_{diff}），定义为 $\rho_{diff}=\rho_{ele}-\rho_{noele}$，其中 ρ_{ele} 和 ρ_{noele} 分别为外加电场作用下的电荷密度和外加势场作用下的电荷密度。计算得到的不同电场作用下聚合物/石墨烯界面处的电荷密度差，如图 3-8 所示，图中分别描绘了 3×10^{-4} e/Å^3 值下电子积累和价电子耗尽的等效表面（图 3-8(d)～(f)），在聚合物/石墨烯的范德瓦耳斯界面附近发生了明显的电荷重新分配现象。石墨烯上层的斑块随着电场的增加而增加，下层的斑块则相反，说明电场的增加诱导更多的负电荷向下层移动。

上述基于机器学习算法针对石墨烯基复合材料的优化设计结果表明：带有苯环的环状类聚合物与石墨烯相互作用，在电场下更容易发生电子迁移，在相对较低的场强下容易发生绝缘-金属相变。因此在场致相变材料样品制备时，综合考虑材料相变特性、力学特性及环境适应性等因素，最终优选了环状类聚合物环氧树脂作为复合材料的基体。

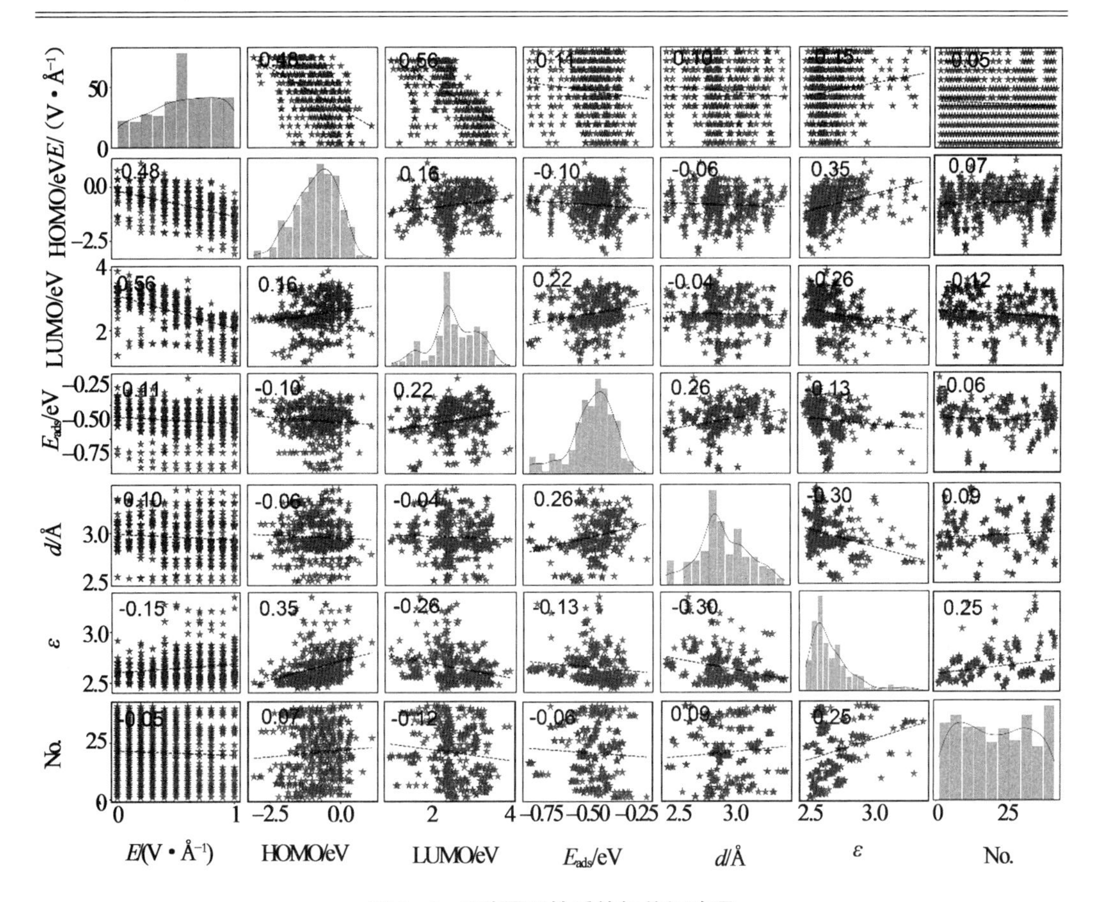

图3-6　5种界面性质的相关矩阵图

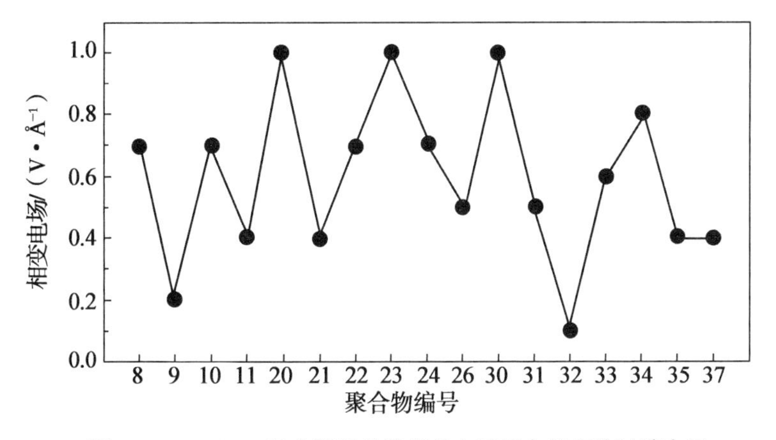

图3-7　Pys/GN复合界面从绝缘状态到导电状态的过渡电场

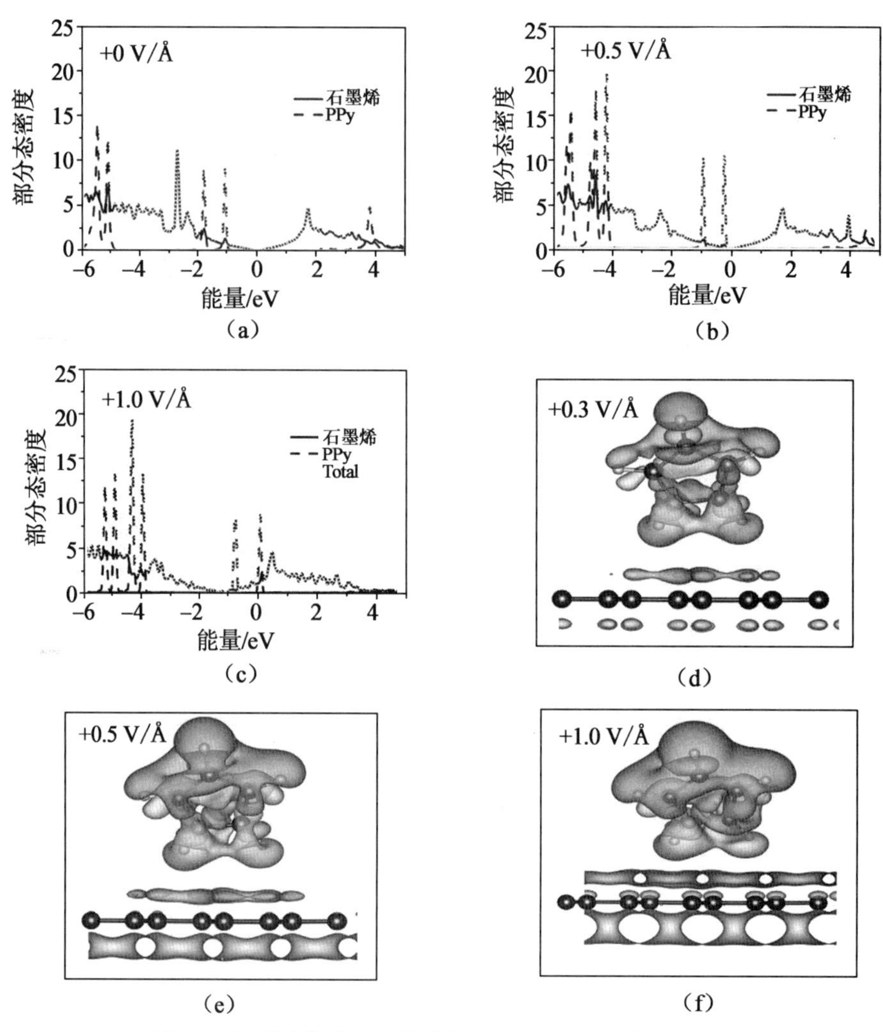

图 3-8 不同电场作用下聚合物/石墨烯界面处的电荷密度差

3.2 机器学习算法优化复合材料非线性导电性能研究

3.2.1 机器学习训练过程

图 3-9 为聚合物基复合材料非线性导电性能的机器学习优化流程图，详细给出了机器学习过程用于研究聚合物基复合材料的非线性导电性能，包括数据集的组成、数据预处理和机器学习模型训练过程。一旦数据集建立，在模型训练之前，数据预处理是必不可少的。采用独热编码方法将分类特征转换为用“0”和“1”表示的子分类特征，如果样本属于一个子类别，则记为“0”，否则记为“1”，这一步旨在解决在模型训练过程中处理分类特征的困难。此外，在 SimpleImputer 中使用均值策略处理缺失数据值，然后使用 StandardScaler 对数据集进行标准化，以确保数据的一致性。接下来，对数据集进行随机洗牌，80%的样本用于训练，剩下的 20%作为未知的测试集来评估模型的性能。为避免过拟合，对回归

模型进行 5 次交叉验证。本章采用支持向量回归(SVR)、核岭回归(KRR)、XGBoost 回归(XGB)、随机森林回归(RFR)和梯度增强回归(GBT) 5 种基本模型对场致相变材料的优化设计模型进行训练。采用这些 ML 基础模型的堆叠集成学习(SEL)算法来提高模型的性能。此外,集成学习方法可以有效地防止训练数据集的过拟合。

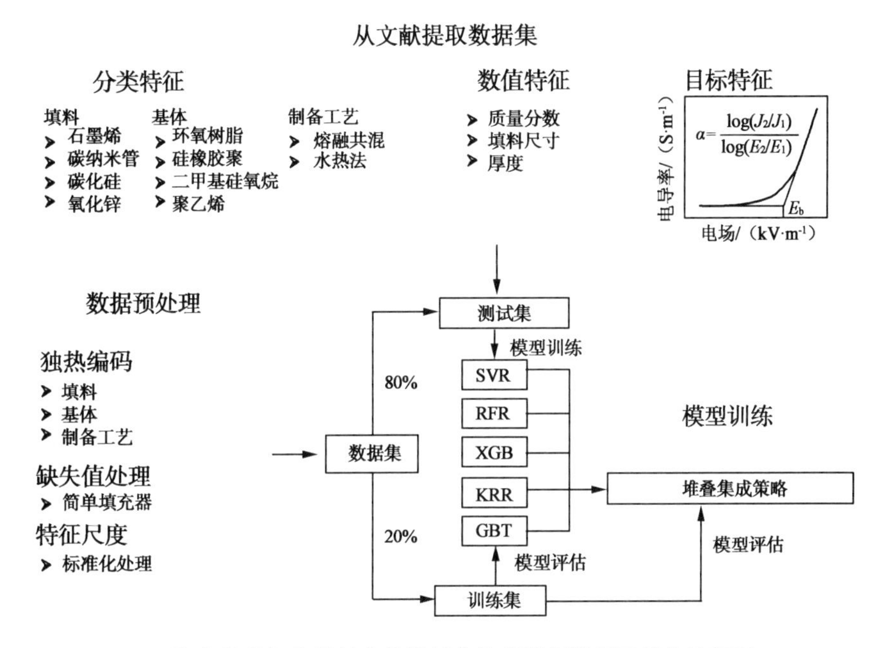

图 3-9　聚合物基复合材料非线性导电性能的机器学习优化流程图

3.2.2　E_b 和 α 的可视化和分析

用于评估非线性导电性能的 2 个关键特征是开关场(E_b)和非线性系数(α),用于智能电磁干扰屏蔽材料的优化设计。首先,在训练模型之前对数据集进行可视化,粗略观察数据分布和特征对 E_b 的影响。分类特征和数值特征的 E_b 分布概率以 2 种不同的样式直观显示,如图 3-10 所示。用小提琴图表示填料、矩阵和加工等分类特征,用散点图表示质量分数、填料尺寸和厚度等数值特征。如图 3-10(a)所示,SiC 样品的 E_b 值明显高于其他样品,而碳纳米管则表现出最低的 E_b 和最小的样本量。此外,ZnO 和石墨烯具有几乎相同的 E_b 平均值。由于石墨烯的广泛应用,大多数具有石墨烯和 SiC 的样品具有相似的 E_b 能级。图 3-10(b)显示,EP 样本分布最广,这意味着它们可能是最受欢迎的矩阵。PE 的 E_b 值相对较低,而 PDMS 的 E_b 值相对较高。由图 3-10(c)可知,处理工艺对聚合物基复合材料的导电性能影响不大,具有几乎相同的 E_b 值。E_b 具有数值特征的总体趋势如图 3-10(d)~(f)所示。从图 3-10(d)~(e)可以清楚地看出,质量分数和填料尺寸与样品的 E_b 呈负相关关系,质量分数越大和填料尺寸越大,复合材料的 E_b 越低。然而,在图 3-10(f)中,E_b 并没有表现出明显的厚度依赖性,这将在后面的讨论中进一步分析。

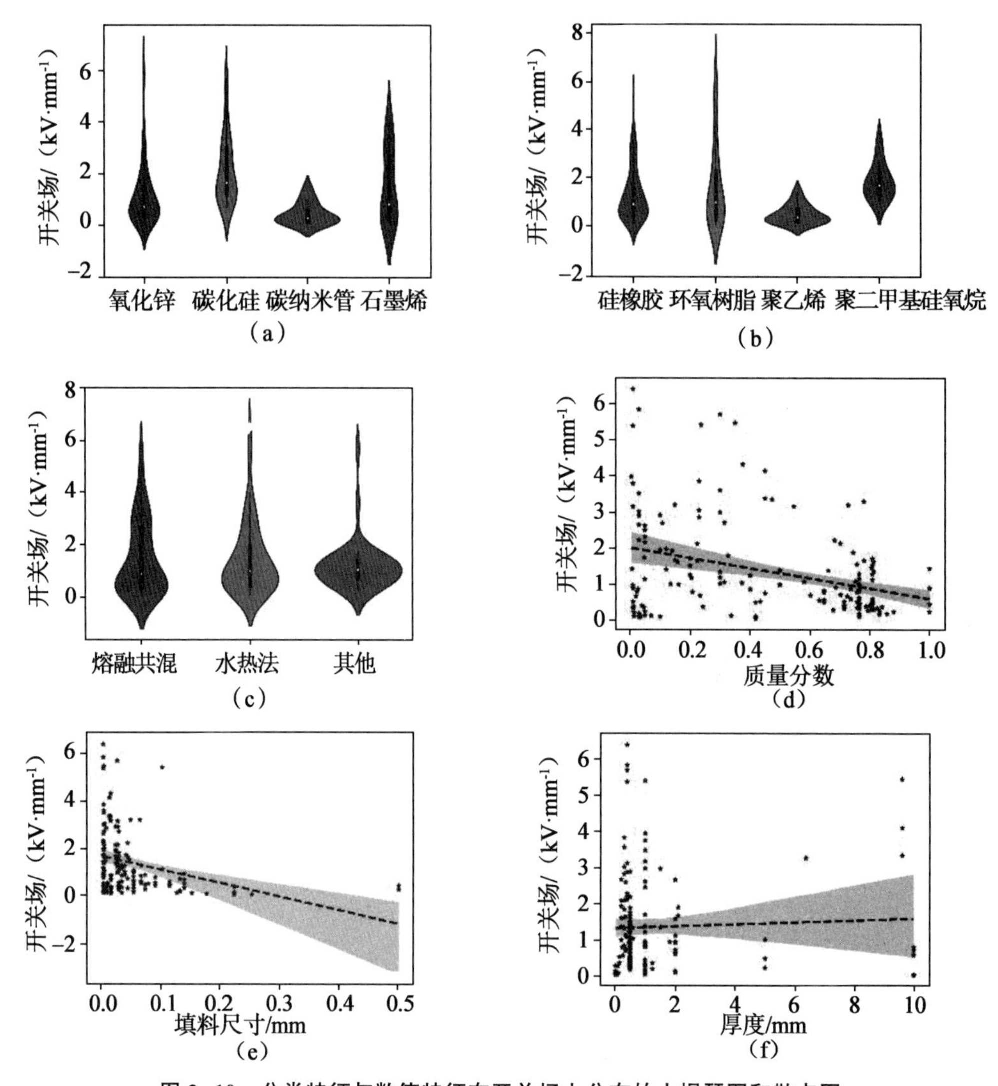

图 3-10 分类特征与数值特征在开关场上分布的小提琴图和散点图

分类特征的 α 分布区间如图 3-11 所示。从图 3-11(a)可以明显看出,ZnO 掺杂的样品 α 值范围最宽,为 0.46~22.6,与其他填料相比,表现出更好的非线性特性。α 在石墨烯、碳化硅和碳纳米管上的分布基本一致。值得注意的是,SiR 在图 3-11(a)中的 4 个矩阵中显示出更高的 α,因为它通常用于高压绝缘应用。如图 3-11(d)~(f)所示,生成了 α 数值特征的散点图,可以清楚地看出这 3 种数值特征对 α 都有一定的影响。从图 3-11(d)和(e)可以看出,α 与填料尺寸和质量分数呈正相关关系,随着质量分数和填料尺寸的增大,α 也增大。从图 3-11(f)可以明显看出,厚度越薄,α 值越低。鉴于样本量有限,上述分析仅提供了数据的总体概述。

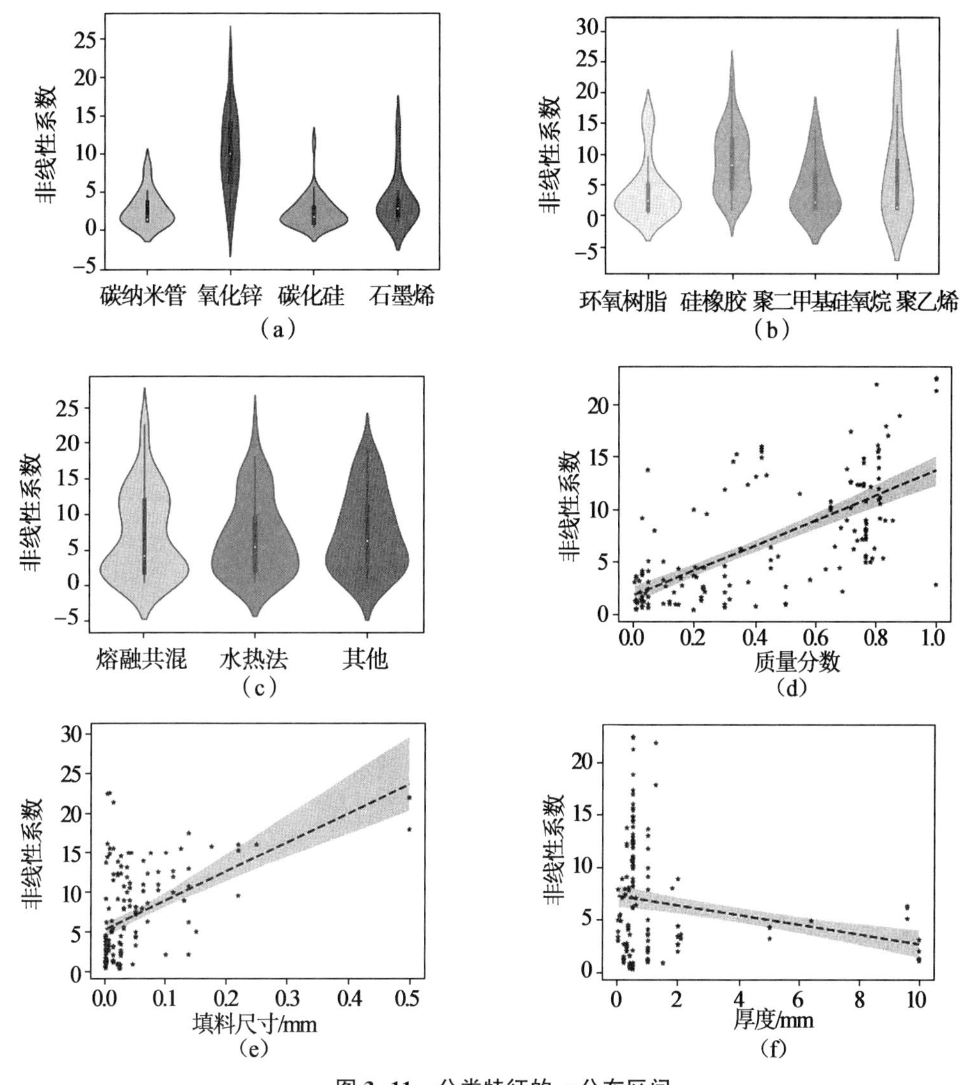

图 3-11　分类特征的 α 分布区间

所收集的非线性导电复合材料的 E_b 和 α 的总体分布如图 3-12(a)所示。在图 3-12(b)和(d)中给出了 E_b 值，以及 E_b 和 α 分布的直方图，结果表明 E_b 分布在 0.05~6.4 kV/mm 范围内，显示了智能电磁屏蔽材料的电磁屏蔽场范围。α 值在 0.43~22.6 之间，少数值大于 15。从图 3-12(a)可以明显看出，α 越高，E_b 越低。右下区域表现出非线性特性和低开关场，但由于填料质量分数高，不适合电磁保护。计算各特征对的 Pearson 相关系数，如果特征对中的 Pearson 相关系数大于等于 0.9，则特征对中只保留一个特征。在特征工程步骤中，有 14 个输入特征用于构建机器学习模型。结果表明，输入特征之间的相关系数足够低，并且不存在剩余特征的冗余和重复。

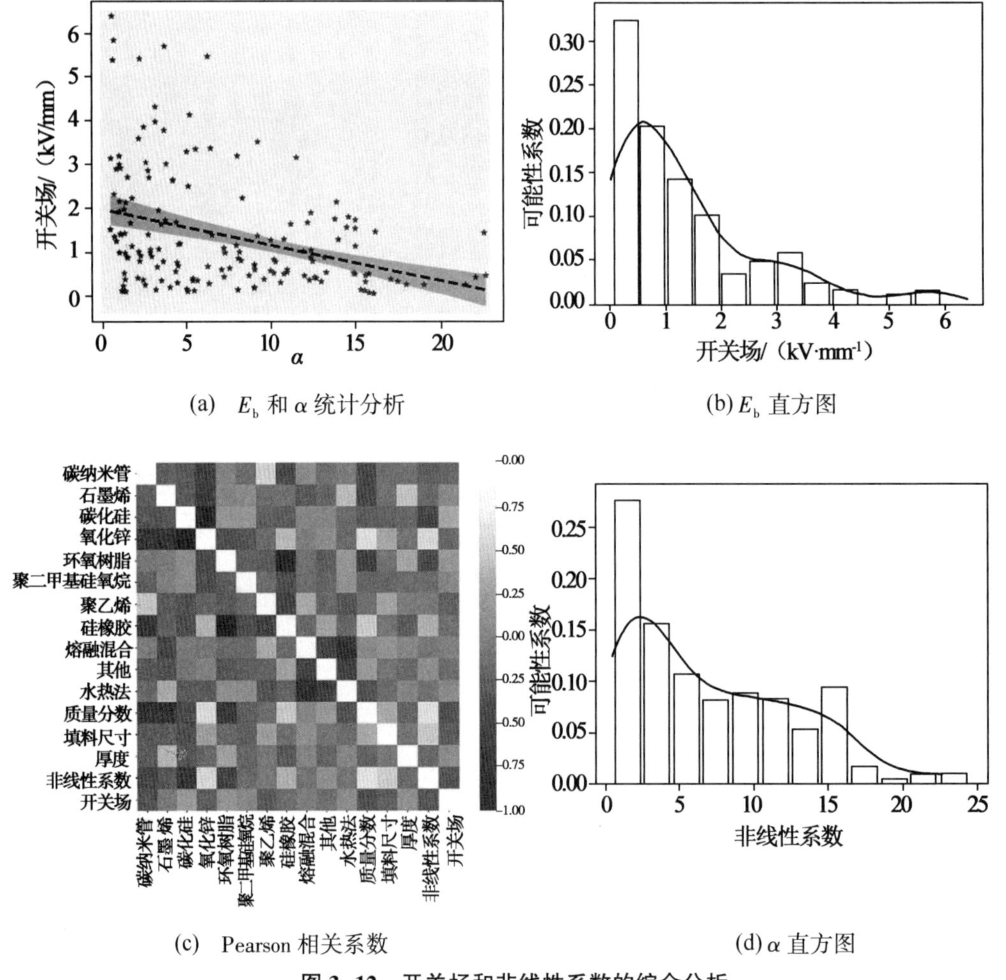

(a) E_b 和 α 统计分析　　(b) E_b 直方图

(c) Pearson 相关系数　　(d) α 直方图

图 3-12　开关场和非线性系数的综合分析

3.2.3　机器学习训练和模型评估

表 3-3 显示了 5 种基本算法和 SEL 算法在测试集上的 RMSE、MRE 和 R^2 的比较。对于 E_b 属性，XGB 模型的准确率最高（0.816），而 KRR 和 SVR 模型的准确率要低得多。同样，对于 α 属性，RFR 模型（0.826）比 KRR 和 SVR 模型具有更好的优势。结果表明，基于决策树的模型（RFR、XGB 和 GBT）在文献数据集上优于非线性模型（KRR 和 SVR）。在这些单一模型中，E_b 和 α 测试集的 R^2 值分别为 0.816 和 0.832。相比之下，SEL 模型进一步提高了性能，E_b 和 α 的测试集分别达到 0.826 和 0.840，R^2 得分最高，这使得真实值和预测值之间的相关性更强。SEL 模型的优点是将非线性算法与基于树的算法相结合，从而提高了复合设计的通用性。基于 SEL 策略的训练和测试数据的预测输出如图 3-13 所示。图 3-13 中，虚线表示最佳拟合线。SEL 模型的 E_b（图 3-13（a））和 α（图 3-13（b））的真实值与预测值之间的散点可以很好地集中在对角线上，验证了模型的可行性。

表3-3　5种基本模型和SEL模型在测试集上的评价结果

模型	E_b/kV·mm^{-1}			α		
	MAE	RMSE	R^2	MAE	RMSE	R^2
XGB	0.390	0.527	0.816	1.775	2.445	0.815
RFR	0.391	0.542	0.802	1.507	2.300	0.832
GBT	0.429	0.576	0.778	1.616	2.363	0.825
KRR	0.767	1.024	0.290	2.631	3.440	0.638
SVR	0.579	0.890	0.475	2.710	3.979	0.518
SEL	0.455	0.594	0.826	1.645	2.334	0.840

图3-13(c)~(d)显示了每个输入变量对输出目标的相对贡献。E_b 和 α 的主要贡献因子呈现一定程度的变化,但质量分数仍是最显著的影响因子。显然,需要精确控制填料的用量来调节聚合物基复合材料的非线性导电性能。此外,填料尺寸和样品厚度对 E_b 和 α 也有影响,因为颗粒尺寸对纳米颗粒与聚合物基质的相互作用有重要影响,并且越厚的样品可以提供更复杂的传导路径,从而导致更大的 E_b。特别地,研究结果表明,ZnO填料对 E_b 的影响很小,但对 α 的影响很大,这是由于ZnO具有显著的非线性系数,且作为压敏电阻其应用范围很广。

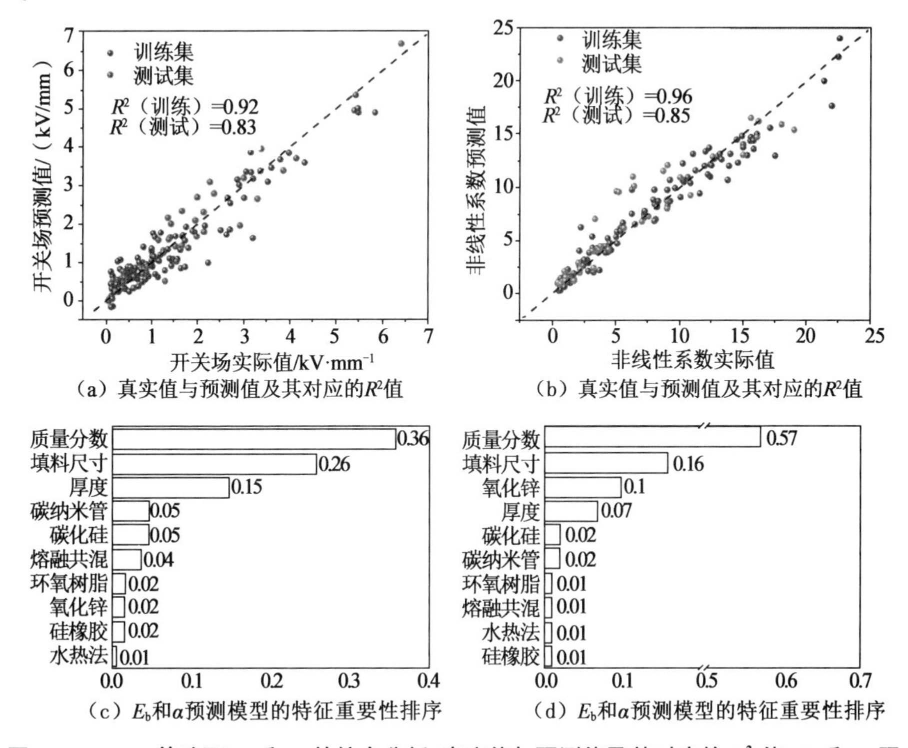

图3-13　SEL策略下 E_b 和 α 的综合分析:真实值与预测值及其对应的 R^2 值,E_b 和 α 预测模型的特征重要性排序

3.2.4　分类特征的偏相关图分析

用偏相关图(pdp)来显示非线性导电性能对不同变量的依赖性质。偏相关图通过取所有数据的平均值来描述 1 个或 2 个变量对 E_b 和 α 的边际效应。分类特征(即 Filler 和 Matrix)的 pdp 分析提供了如图 3-14 所示的离散表示。图 3-14 中上图对应 E_b,下图对应 α。结果表明,填料的种类比基体的种类影响更大,一旦填料固定,不同聚合物的 E_b/α 差异很小,如图 3-14(c)和图 3-14(f)所示。碳纳米管作为填料在较低的 E_b 下是最佳的,更有可能形成导电途径。由于 ZnO 的高度非线性特性,ZnO 填充 SiR 的 α 值最高。因此,以 ZnO 和碳纳米管共混作为填料,更有可能得到质量分数较低且非线性性能显著的复合材料。

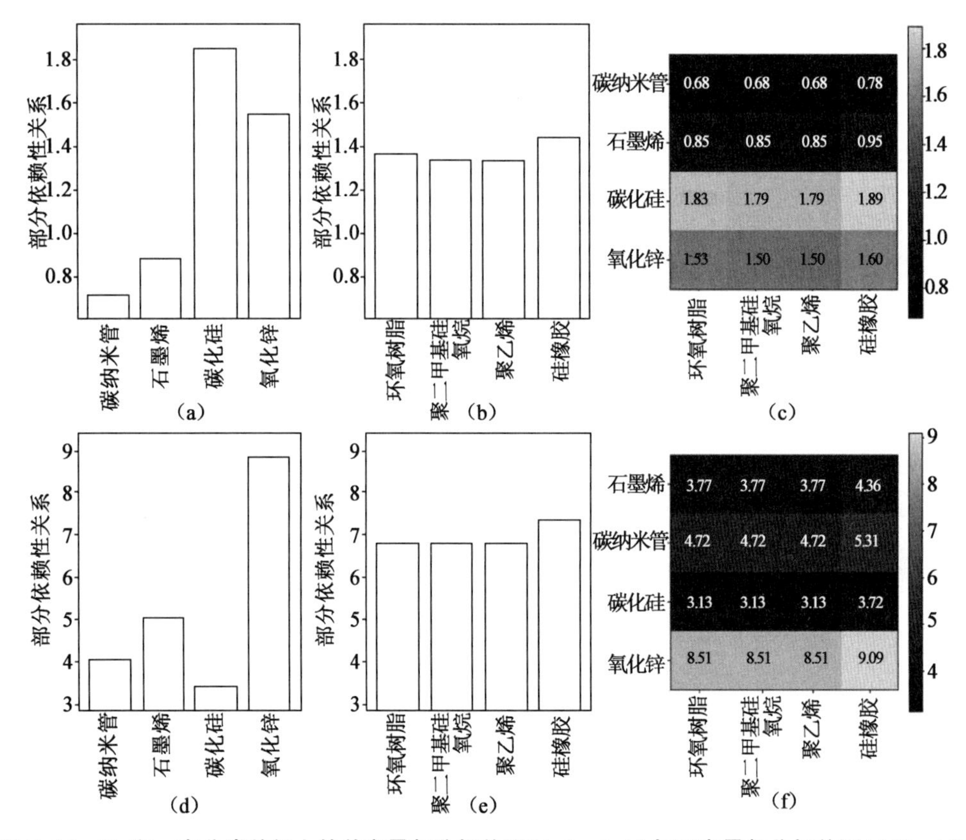

图 3-14　E_b 和 α 在分类特征上的单变量部分相关图((a)~(c))与双变量部分相关图((d)~(f))

3.2.5　数值特征的偏相关图分析

E_b 和 α 的单变量偏相关与个体组合期望(ICE)如图 3-15 所示。各 ICE 曲线有所不同,但均保持相似的增加趋势。如图 3-15 单变量依赖图所示,质量分数越高,E_b 越低,α 越高。在低质量分数范围内,随着质量分数的增加,E_b 的部分依赖性急剧下降(图 3-15(a)),这意味着该范围达到了石墨烯/碳纳米管在材料内部形成导电通道的渗透阈值。但值得注意的是,当质量分数达到 2%左右时,α 的依赖性几乎保持不变(图 3-15(d))。对于质量分数为 20%的填料,随着 SiC/ZnO 填料质量分数的进一步增加,E_b 的下降趋势有所减缓。在 45%~80%的质量分数范围内,α 达到相对稳定的区域,甚至略有下降。这种变化可能是由于 SiC 的影响,随着质量分数的增加,SiC 对非线性的贡献不大,甚至可能削弱其影响。对比图 3-15 中 3 个变量的 PD(partial dependenee plot,PD)图,可以明显看出质量分数的 ICE 曲线是相对聚集的。这可能是由于 α 对质量分数的依赖性较强。此外,填料尺寸和厚度的变化程度远小于质量分数的变化程度,这与特征重要性分析相一致。如图 3-15(b)所示,较大的填料尺寸导致 E_b 降低(特别是在小于 0.12 mm 范围内)。当填料尺寸大于 0.12 mm 时,E_b 保持不变。而该特征的 PD 图(图 3-15(e))随着填料尺寸的增加呈上升趋势。然而,当填料尺寸大于 0.2 mm 时,由于填料颗粒的团聚,填料尺寸对优化的非线性导电性能的贡献有限。值得注意的是,ICE 曲线提供了一些不同的信息,即低质量分数的材料应采用较大的填料尺寸以显著增强 α,而高质量分数的材料应采用较小的填料尺寸以保持 α 和 E_b 的平衡。此外,如图 3-15(c)和图 3-15(f)所示,样品越厚,E_b 越高,α 越低。结论表明,在较高的填料载荷下,减小厚度可以更有效地改善非线性导电特性。

为了理解 2 个数值特征之间的相互作用及其对 E_b 和 α 的相互影响,采用了二元偏相关图分析,如图 3-16 所示。图 3-16 表明,质量分数越高,填料尺寸越大,E_b 越低,α 越高(图 3-15(a)和图 3-16(d))。从图 3-16(a)中可以看出,当质量分数小于 20%且填料尺寸小于 0.025 mm 时,部分依赖性很高,这可能是由于石墨烯/碳纳米管的主导效应。图 3-16(b)表明,高填充量和厚样品厚度的组合,或低填充量和薄样品厚度的组合,可以导致更高的 E_b。此外,图 3-16(d)和图 3-16(e)显示,在填料尺寸范围内,部分依赖关系几乎保持不变,表明质量分数对 α 的影响占主导地位。从图 3-16(c)和图 3-16(f)中还可以看出,当厚度小于 2 mm 时,较小的填料尺寸会导致较高的 α 值,并且通过增加填料尺寸,可以在不牺牲太多 α 的情况下获得较高的 E_b 值。反之,当厚度大于 2 mm 时,填料尺寸的影响不是很显著。

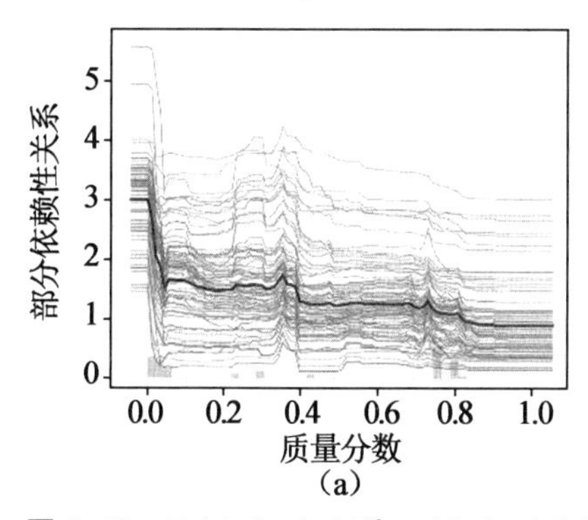

(a)

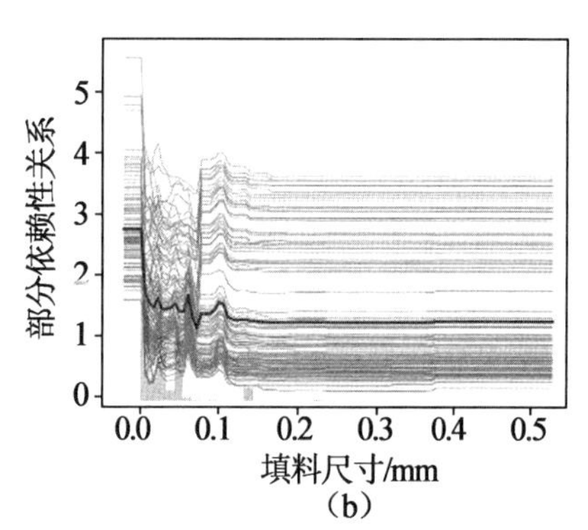

(b)

图 3-15　E_b((a)~(c))和 α((d)~(f))在质量分数、填料尺寸和厚度上的单变量部分相关图

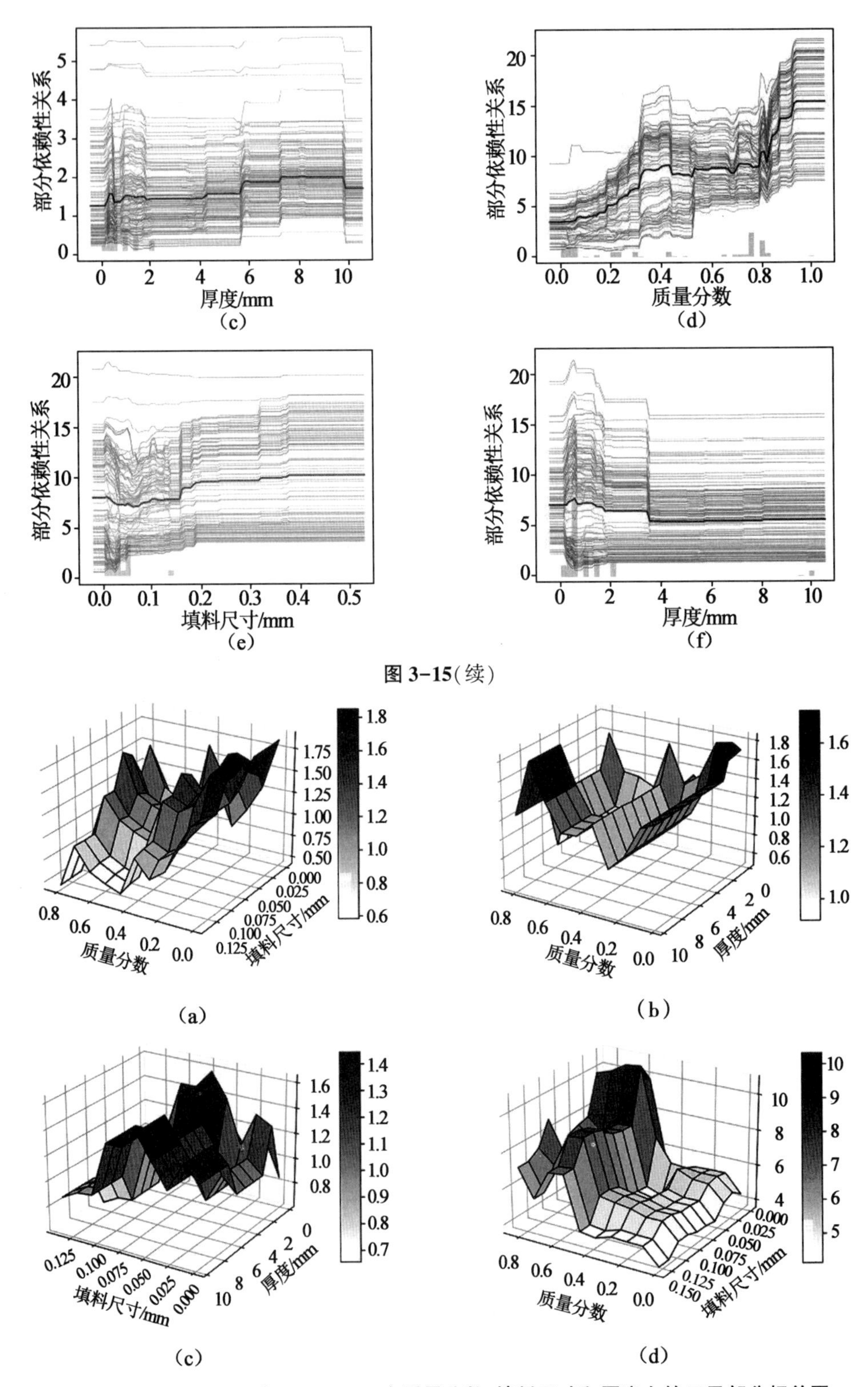

图 3-15(续)

图 3-16 E_b(a)~(c)和 α(d)~(f)在质量分数、填料尺寸和厚度上的二元部分相关图

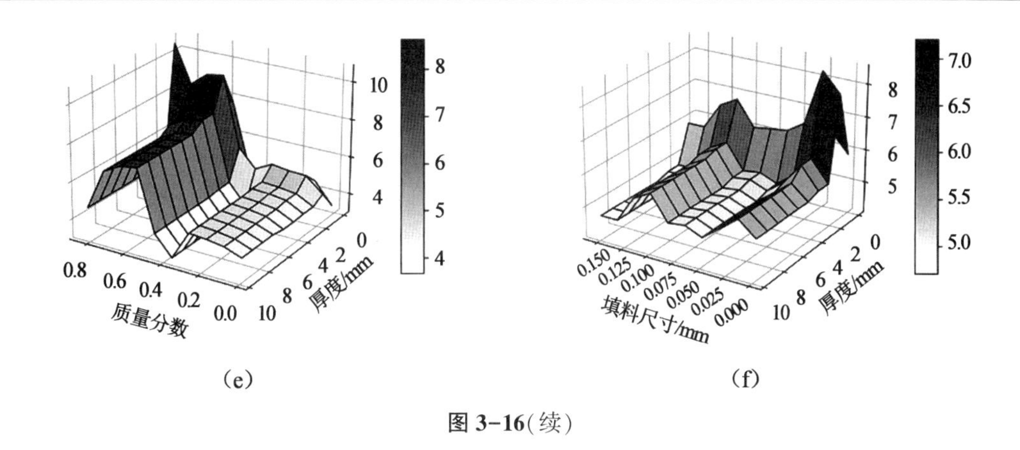

(e)　　(f)

图 3-16(续)

第 4 章　改性石墨烯复合材料制备及性能

4.1 引　　言

石墨烯具有独特的片形化结构特征，比表面积很大，而且具有质量轻、导电性高、强度大、通流能力强等优点，在电磁防护材料领域得到广泛关注，其作为一种非线性导电复合材料的填料具有优良性能，相比球形、无规则颗粒型填料来说，片形化石墨烯填料有望在较低的填充浓度下出现优异的场致开关性能。实际上，大比表面积和良好的化学稳定性使得石墨烯片层极易团聚且在聚合物基体中分散性较差，需对其进行改性处理，增强石墨烯在基体中的分散性和稳定性，确保石墨烯的优异性能在聚合物基体中的充分发挥。

在深入分析和总结石墨烯及其复合材料的改性技术和制备方法以及非线性导电机理基础上，以氧化石墨烯（GO）为核心填料，通过调整氧化石墨烯的还原步骤和改性步骤，本章设计了“先还原后改性”（KRGO）和“先改性后还原”（RKGO）2 种方法来进行石墨烯微片的改性处理，然后分别制备了不同填料质量分数下的改性石墨烯/环氧树脂复合材料。2 种改性石墨烯微片的表征分析结果及其环氧树脂复合材料（KRGO/ER 和 RKGO/ER）的伏安特性测试结果表明，材料可以实现较好的非线性导电特性以及可调控性能，并在此基础上总结分析了 2 种石墨烯改性方法的优缺点，并根据表征和伏安测试结果探究了纯石墨烯/环氧树脂复合材料（GNPs/ER）的非线性导电机理，为后续性能更好、应用性更强的聚合物基石墨烯非线性导电复合材料的研究和制备打下基础。

4.2 改性石墨烯/环氧树脂复合材料的制备

4.2.1 主要试剂原料与设备仪器

复合材料制备方法中主要使用的实验原料和试剂见表 4-1，其中实验用水为去离子水。

GNPs/ER 复合材料的制备和表征所需要使用的仪器设备见表 4-2。其中超声波清洗机、电子天平、pH 值测试仪、集热式恒温加热磁力搅拌器、真空干燥箱、电热鼓风干燥箱、真空冷冻干燥箱、平板硫化机用于复合材料样品的制备，扫描电子显微镜（SEM）和投射电子显微镜（TEM）用于改性石墨烯及其复合材料制备过程中各种产物表面形貌的表征测试，双电四探针电阻率测试仪用于对改性石墨烯的电阻进行测量，傅里叶红外频谱分析仪（FTIR）用于改性石墨烯制备过程中各种产物表面基团的测试表征，多晶 X 射线衍射仪

(XRD)、拉曼光谱仪(Raman)用于改性石墨烯微观片层结构的分析。

表 4-1　实验原料与化学试剂

原料试剂名称	简称	规格	用途	生产厂家
氧化石墨烯	GO	分析纯	石墨烯原料	苏州碳丰科技公司
双酚 A 型环氧树脂 E-51	ER	分析纯	聚合物基体	滁州惠生电子材料公司
2-乙基-4-甲基咪唑	2E4MZ	分析纯	固化剂	山东西亚试剂公司
水合肼溶液(85wt%)	$H_2N_4 \cdot H_2O$	分析纯	还原剂	国药集团化学试剂公司
环氧基硅烷偶联剂	KH560	分析纯	偶联改性剂	南京创世化学公司
氢氧化钾	KOH	分析纯	pH 值调整	天津永大化学试剂公司
无水乙醇	C_2H_5OH	分析纯	溶剂	天津永大化学试剂公司

表 4-2　实验仪器设备

仪器设备名称	型号	生产厂家
超声波清洗机	KH-100E	昆山禾创超声仪器有限公司
电子天平	HZK-FA110	福州市华志科学仪器有限公司
pH 值测试仪	PHS-3E	上海仪电科学仪器股份有限公司
集热式恒温加热磁力搅拌器	DF-101S	河南省予华仪器有限公司
真空干燥箱	DZ-3BC11	天津市泰斯特仪器有限公司
电热鼓风干燥箱	WGL-30B	天津市泰斯特仪器有限公司
真空冷冻干燥箱	FD-1A-50	北京博医康实验仪器有限公司
双电四探针电阻率测试仪	FT-341	宁波江北瑞柯伟业仪器有限公司
平板硫化机	XLB-Q	青岛嘉瑞橡胶机械有限公司
扫描电子显微镜	GeminiSEM 300	德国卡尔蔡司股份公司
透射电子显微镜	JEOL JEM-2100	日本电子株式会社
傅里叶红外频谱分析仪	TENSOR Ⅱ	德国布鲁克光谱仪器公司
多晶 X 射线衍射仪	XD-6	北京普析通用仪器有限责任公司
拉曼光谱仪	LabRAM HR Evolution	日本堀场集团科学仪器事业部

4.2.2　改性石墨烯/环氧树脂复合材料的制备方法

方法一：先还原氧化石墨烯，再进行改性修饰

(1)将 200 mg GO 和 400 ml 无水乙醇在烧杯中混合，在超声波清洗机中超声分散 2 h 后得到黄色溶液；加入 294 mg 水合肼溶液(GO 和 N_2H_4 的质量比为 10∶8)，并用事先调配好的 KOH 溶液使得混合体系的 pH=10，然后在油浴锅内加热至 90 ℃并磁力搅拌 6 h 后得到黑色悬浮液；反应完毕的黑色悬浮液用去离子水和无水乙醇抽滤洗涤 3 次，将滤饼经过 30 min 预冷后放入真空冷冻干燥箱，冷冻干燥 24 h 后取出，得到黑色蓬松粉体还原氧化石墨烯（RGO）。

（2）将 20 mg KH560（w（RGO）：w（KH560）= 10∶1）与 400 ml 无水乙醇在烧杯中混合，在超声波清洗机中超声分散 1 h 后得到 KH560 偶联剂分散液；加入 200 mg RGO 并在超声波清洗机中超声分散 1 h 后，在油浴锅内加热至 80 ℃并磁力搅拌 4 h 后得到黑色悬浮液；反应完毕的黑色悬浮液用去离子水和无水乙醇抽滤洗涤 3 次，将滤饼经过 30 min 的预冷后放入真空冷冻干燥箱，冷冻干燥 24 h 后取出，得到黑色蓬松粉体改性还原氧化石墨烯（KRGO）。

（3）将一定量的 KRGO 粉体与足量无水乙醇混合并超声分散 1 h 后，再加入一定量的 E-51 环氧树脂超声分散 1 h；将得到的黑色悬浮液放入油浴锅内，加热至 80 ℃并充分搅拌，使得 KRGO 粉体与环氧树脂均匀混合，并将溶剂无水乙醇完全蒸发去除；最后加入环氧树脂质量分数为 4% 的固化剂 2E4MZ，在 50 ℃下搅拌 1 min 后倒入模具并抽气泡 10 min，常温放置 24 h 后于 100 ℃加热 4 h 后，得到固化成型的 KRGO/ER 复合材料。

方法二：先改性修饰氧化石墨烯，再进行还原

（1）将 20 mg KH560（w（GO）：w（KH560）= 10∶1）与 400 ml 无水乙醇在烧杯中混合，在超声波清洗机中超声分散 1 h 后得到 KH560 偶联剂分散液；加入 200 mg GO 并在超声波清洗机中超声分散 1 h 后在油浴锅内加热至 80 ℃磁力搅拌 4 h，得到黄褐色悬浮液；反应完毕的悬浮液用去离子水和无水乙醇抽滤洗涤 3 次，将滤饼经过 30 min 的预冷后放入真空冷冻干燥箱，冷冻干燥 24 h 后取出，得到黄褐色蓬松粉体改性氧化石墨烯（KGO）。

（2）将 200 mg KGO 和 400 ml 无水乙醇在烧杯中混合，在超声波清洗机中超声分散 2 h 后得到黄褐色悬浮液；加入 294 mg 水合肼溶液（KGO 和 N_2H_4 的质量比为 10∶8），并用事先调配好的 KOH 溶液使得混合体系的 pH = 10，在油浴锅内加热至 90 ℃并磁力搅拌 6 h 后得到黑色悬浮液；反应完毕的黑色悬浮液用去离子水和无水乙醇抽滤洗涤 3 次，将滤饼经过 30 min 的预冷后放入真空冷冻干燥箱，冷冻干燥 24 h 后取出，得到黑色蓬松粉体还原改性氧化石墨烯（RKGO）。

（3）将一定量的 RKGO 粉体与足量无水乙醇混合并超声分散 1 h 后，再加入一定量的 E-51 环氧树脂超声分散 1 h；将得到的黑色悬浮液放入油浴锅内，加热至 80 ℃并充分搅拌，使得 RKGO 粉体与环氧树脂均匀混合，并将溶剂无水乙醇完全蒸发去除；最后加入环氧树脂质量分数 4%的固化剂 2E4MZ，在 50 ℃下搅拌 1 min 后倒入模具并抽气泡 10 min，常温放置 24 h 后于 100 ℃加热 4 h，得到固化成型的 RKGO/ER 复合材料。

为了能够更加便捷有效地对制备的聚合物基石墨烯复合材料样品的电性能进行测试，特别设计了 2 套规格相同的模具用于复合材料的固化成型，如图 4-1 所示。在样品的制备过程中，每次可同时得到 2 个相同的样品，可对每组复合材料样品进行 2 组测试和比对，保证了每组复合材料样品测试结果的准确性和有效性。同时，在进行复合材料样品的固化成型前，首先将自制模具的表面用聚酰亚胺薄膜覆盖，然后在聚酰亚胺薄膜的表面涂覆少量凡士林作为脱模剂，使得复合材料样品在脱模时不会因与模具间的挤压和摩擦产生变形和受损，并在脱模后用砂纸打磨和超声清洗来除掉样品表面的残留凡士林，保证了复合材料样品的平整度和清洁度。采用上述方法制备的 GNPs/ER 复合材料样品如图 4-2 所示，其中圆形样品的直径约为 40 mm，厚度约为 4.5 mm，表面的白色涂层为导电银胶。

图 4-1　自制样品模具

图 4-2　GNPs/ER 复合材料样品

需要说明的是，这里采用的是常温环氧树脂固化剂 2E4MZ，并将复合材料的固化过程分为两部分，即在 24 h 的常温静置后特别施加了 100 ℃的后固化温度，其原因如下：常温静置下复合材料的固化速度较慢，仍然具有一定的流动性，来自自制模具的向下压力可在常温静置的 24 h 内使得复合材料的结构更加紧密；而 100 ℃的后固化温度会引起复合材料的体积收缩，再加上改性石墨烯填料和环氧树脂基体之间不匹配的热膨胀系数，两者产生的残余应压力大大增加了填料与基体之间的界面摩擦力，从而增强了填料与基体之间的界面相互作用和载荷传递效率。

4.3　改性石墨烯及其环氧树脂复合材料的表征与特性分析

为了能够准确观察 2 种石墨烯填料改性方法各个步骤中石墨烯的表面形貌和片层结构，这里选用 SEM、TEM、双电四探针电阻率测试仪、FTIR 和 Raman 光谱等技术手段，重点对 2 种改性石墨烯的表面形貌、片层结构和表面基团进行表征和分析，为后续研究对比 2 种改性石墨烯及其环氧树脂复合材料的特性打下基础。

4.3.1　材料的 SEM 表征与分析

GO 作为制备 KRGO 粉体（方法一）和 RKGO 粉体（方法二）的共同实验原料，从图 4-3(a)中可以看出所选择的 GO 粉体具有褶皱少、缺陷少的良好微观表面结构，且均以单片层结构存在，能够很好地满足后续研究的实验需求。而图 4-3(b)是方法一中 RGO 粉体的 SEM 微观图像，是 GO 未经 KH560 修饰直接被水合肼还原所得，可以看出在还原过程中 GO 原有的表面形貌和片层结构受到了一定程度上的破坏，出现了较多的褶皱和堆叠。由于后续选择使用的实验原料 GO 与本节相同，其 SEM 表征和特性分析不再赘述。

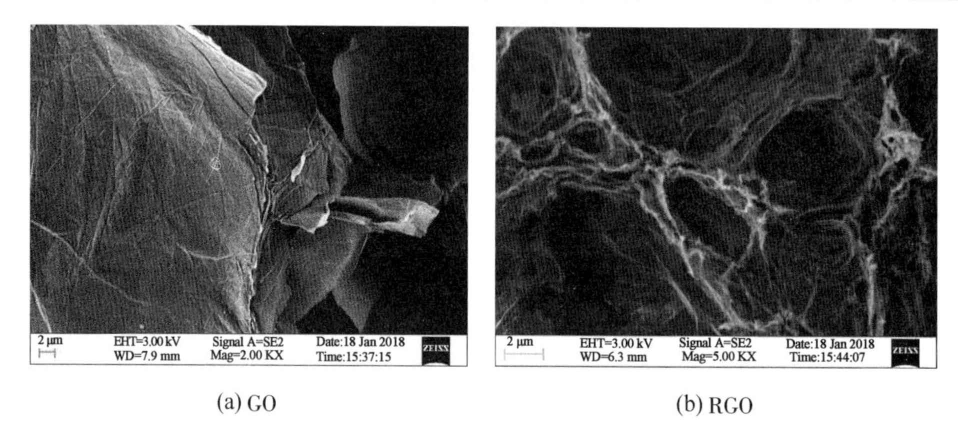

(a) GO　　(b) RGO

图 4-3　GO 粉体和 RGO 粉体的 SEM 表征图

图 4-4 分别是方法一所制备的 KRGO 粉体和方法二所制备的 RKGO 粉体的 SEM 微观图像。可以明显看到，在图 4-4(a)中，虽然 KRGO 片层主要以单层形式存在，但与图 4-3(b)相比其在片层结构上出现了更多的褶皱和缺陷，这可能说明 KH560 的保护作用在方法一中发挥不明显，RGO 的微观结构在后续的制备过程中遭到了进一步破坏；反观图 4-4(b)中，RKGO 片层不仅保持了良好的单层存在形式，其表面结构的损坏也减少很多，基本上保留了 GO 良好的原始微观结构，其原因可能是 KH560 的保护作用，说明方法二的制备方法能够制备出表面形貌和片层结构更好的改性石墨烯(RKGO)。

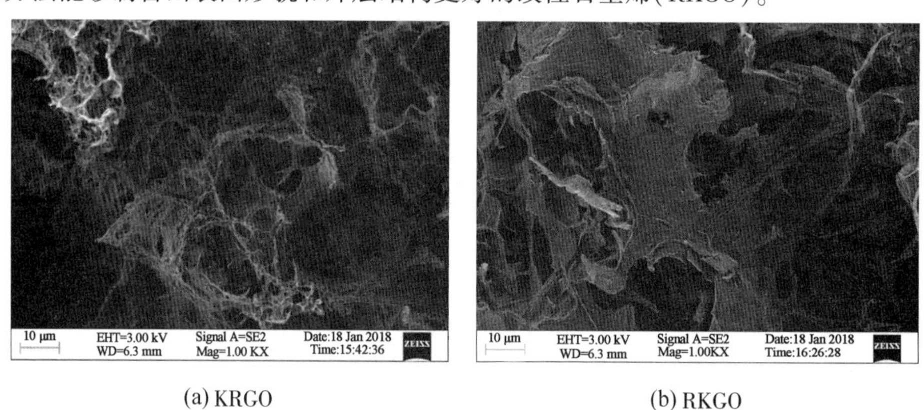

(a) KRGO　　(b) RKGO

图 4-4　KRGO 粉体和 RKGO 粉体的 SEM 表征图

图 4-5 中分别展示了 KRGO/ER 复合材料(方法一)和 RKGO/ER 复合材料(方法二)的断面 SEM 表征图。从两图对比可以明显看出，虽然 KRGO 片层和 RKGO 片层都能较为均匀地分布在 ER 基体中，但 KRGO 片层和 ER 基体间的分界面更加明显，说明由于具有更好的片层结构和表面形貌，RKGO 片层能够在 ER 基体中拥有更好的分散性和兼容性。

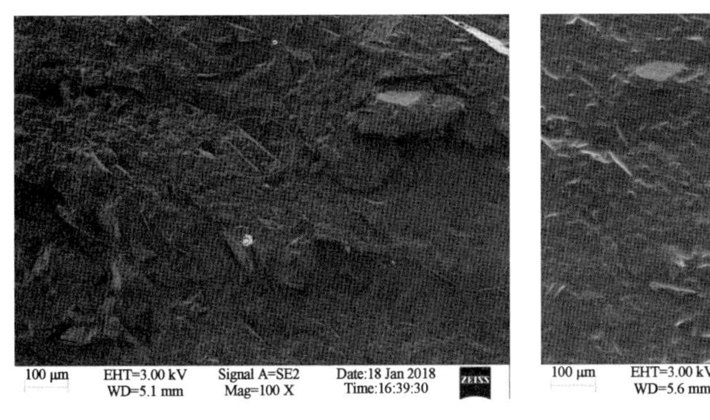

(a) KRGO/ER 复合材料

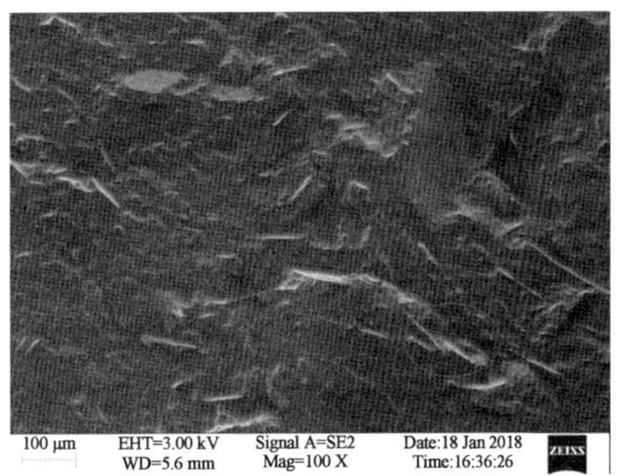

(b) RKGO/ER 复合材料

图 4-5　KRGO/ER 复合材料和 RKGO/ER 复合材料断面的 SEM 表征图

4.3.2　KRGO 和 RKGO 的 TEM 表征与分析

图 4-6 分别是 GO 悬浮液、RGO 悬浮液和 KGO 悬浮液的 TEM 表征图。可以明显看到,在图 4-6(b)中,方法一所制备的 RGO 悬浮液中石墨烯的片层结构上出现了较多的褶皱和一定程度的堆叠,这与图 4-3(b)中是相吻合的,再次说明在没有 KH560 保护的情况下,水合肼的还原作用会使 GO 良好的原始微观结构遭到一定程度的破坏;但在图 4-6(c)中,方法二所制备的 KGO 悬浮液中石墨烯片层表面结构上的褶皱和片层间的堆叠很少,表面形貌与图 4-3(a)和图 4-6(a)中的 GO 基本相同,说明 KH560 的改性不会对 GO 的表面形貌和片层结构产生明显影响。

图 4-7 分别是 KRGO 悬浮液和 RKGO 悬浮液的 TEM 表征图。在图 4-7(a)中,方法一所制备的 KRGO 上出现了比 RGO 更明显的褶皱和堆叠,再次说明在没有 KH560 的保护作用下,GO 良好的原始微观结构在 KRGO 的制备过程中受到了较大程度的破坏,而且还原后 KH560 的保护作用并不明显;但在图 4-7(b)中,方法二所制备的 RKGO 片层表面结构上的褶皱和片层间的堆叠很少,基本上以单片层结果存在,保留了 GO 良好的原始微观结构,再次说明可能由于 KH560 保护作用的充分发挥,方法二能够制备出表面形貌和片层结构更好的改性石墨烯。

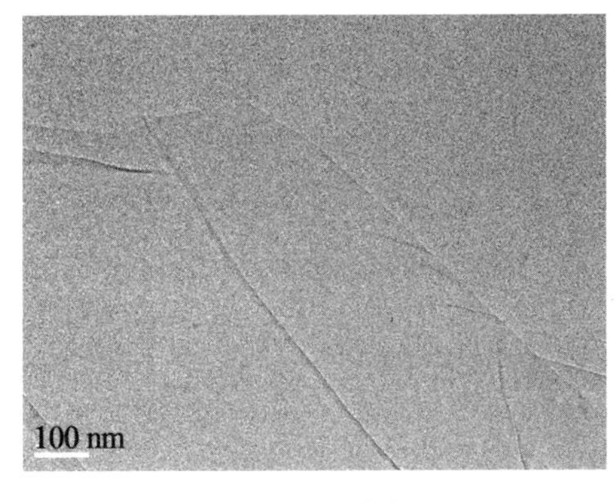

(a) GO 悬浮液

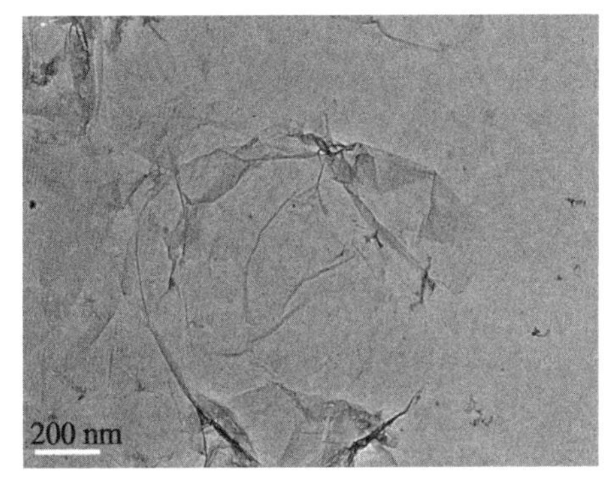

(b) RGO 悬浮液

图 4-6　GO 悬浮液、RGO 悬浮液和 KGO 悬浮液的 TEM 表征图

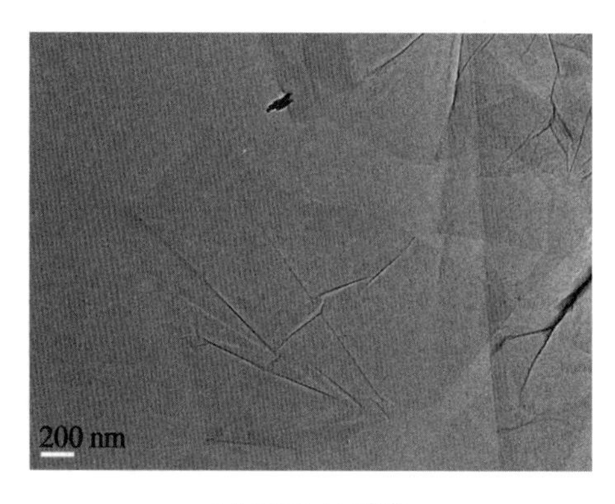

(c) KGO 悬浮液

图 4-6(续)

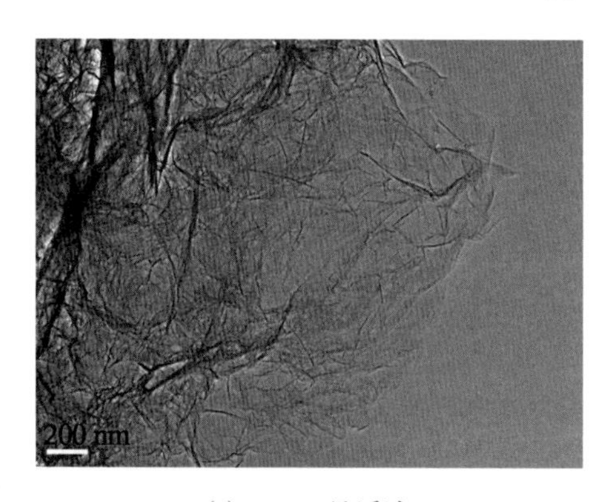

(a) KRGO 悬浮液

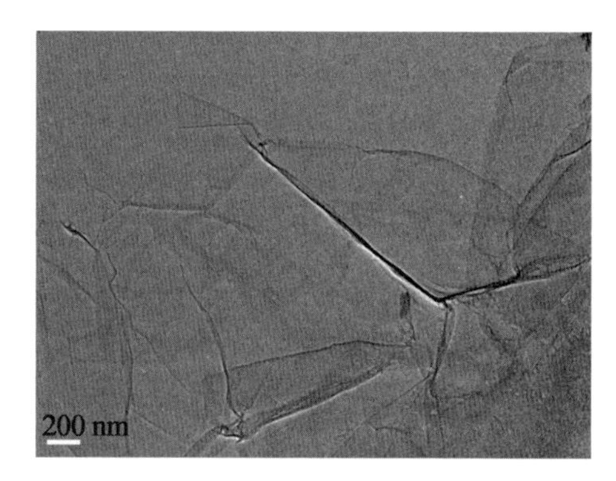

(b) RKGO 悬浮液

图 4-7 KRGO 悬浮液和 RKGO 悬浮液的 TEM 表征图

4.3.3 KRGO 和 RKGO 的 FTIR 表征与分析

在方法一和方法二的制备过程中,为了使得作为导电填料的 KRGO 和 RKGO 具有较高的导电性,都需要用水合肼溶液作为还原剂,将 GO 表面上丰富的含氧基团去除,使得 sp^3 杂化结构转化为 sp^2 杂化结构,提高石墨烯填料的导电性。从图 4-8 的 FTIR 测试结果中可以看到,对比 GO 的测试曲线,KRGO 和 RKGO 测试曲线上的各个峰值有了非常明显的减小,表明在两者的制备过程中,水合肼作为还原剂去除了 GO 表面上的大量含氧基团,成功地实现了 GO 的还原。

已有研究表明,在 GO 还原为 RGO 的过程中,还原剂在去除 GO 表面含氧基团的同时,会将 GO 原有的大面积片层结构撕裂为面积较小的 RGO 片层。在图 4-4 和图 4-7 中,可以发现 KRGO 片层的面积确实明显小于 RKGO 片层,而且在图 4-8 中可以发现 KRGO 曲线的峰是强于 RKGO 曲线的,尤其是在 3 440 cm^{-1} 的 O—H 伸缩峰、1 630 cm^{-1} 的 C═O 伸缩峰和 1 220 cm^{-1} 的 C—O—C 伸缩峰。同时使用双电四探针电阻率测试仪对 KRGO 粉体和 RKGO 粉体进行方块电阻测试(表 4-3),发现 KRGO 粉体的方块电阻是明显小于 RKGO 粉体的。以上结论说明,在 GO 的改性过程中,KH560 的改性作用会在一定程度上保护 GO 表面的含氧官能团,在保护 GO 微观形貌的同时,也会削弱水合肼的还原作用,导致 RKGO 的导电性低于 KRGO。

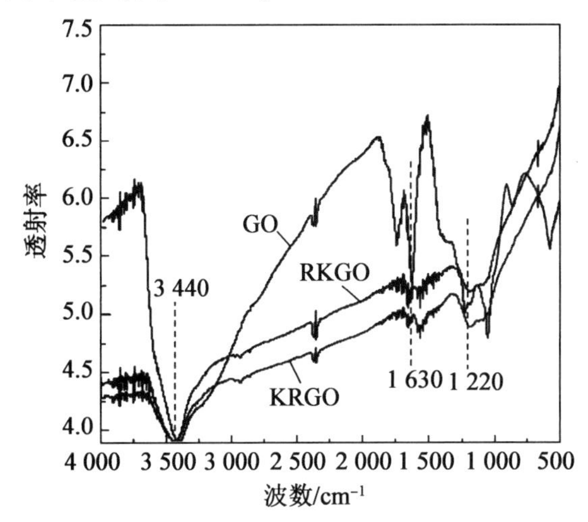

图 4-8　GO、KRGO 和 RKGO 粉体的 FTIR 测试图

表 4-3　KRGO 和 RKGO 粉体的平均方块电阻

样品名称	平均方块电阻
GO	>200 MΩ
KRGO	26.78 Ω
RKGO	62.39 Ω

4.3.4　材料的 Raman 光谱表征与分析

为了更好地说明 GO、KRGO 和 RKGO 的结构特征,图 4-9 展示了三者的拉曼光谱对比图。其中 D 峰表示样品材料的不规则程度和无序性,G 峰表示样品材料的结晶程度和完整度,2D 峰则为双声子的非弹性散射。由图中可知,GO、KRGO 和 RKGO 的 D 峰分别位于 1 344.61 cm^{-1}、1 345.06 cm^{-1} 和 1 341.96 cm^{-1},G 峰分别位于 1 590.35 cm^{-1}、1 583.15 cm^{-1} 和 1 577.21 cm^{-1},I_D/I_G 的值分别为 1.017、1.518、1.786。通过比较发现,与 GO 相比,RKGO 的 G 峰发生较大幅度的红移(向低波数方向移动),表明偶联剂 KH560 与 GO 表面的含氧官能团发生了强烈的相互作用,而 KRGO 因为先还原后改性,所以与偶联剂 KH560 的相互作用较弱。同时,GO、KRGO 和 RKGO 的 I_D/I_G 值依次增大,表明方法一和方法二的制备过程中的还原反应和修饰过程在 GO 表面引入了更多的缺陷,而且由于 RKGO 上偶联剂 KH560 的修饰效果更强,生成了更多的化学键,因此 RKGO 中的 C-sp^2 区域尺寸减小,表面的无序度更强,这与前文的表征分析是相对应的。

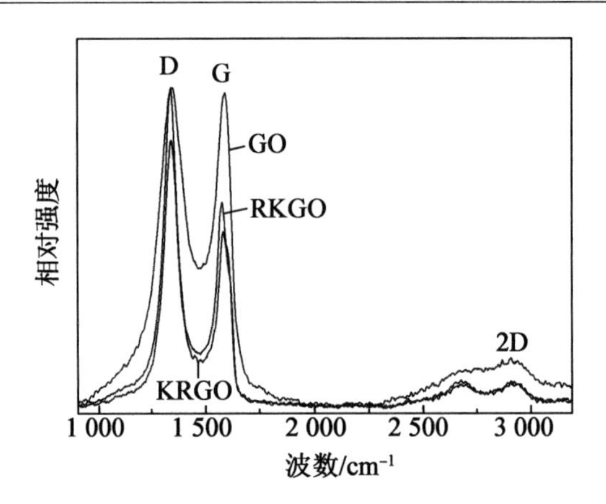

图 4-9 GO、KRGO 和 RKGO 粉体的 Raman 光谱测试图

4.3.5 KRGO 和 RKGO 的 XRD 表征与分析

GO、KRGO 和 RKGO 粉体的 XRD 测试图谱如图 4-10 所示。由图可知,GO 在 $2\theta=9.8°$处有一个非常尖锐的衍射峰,对应于 GO 的(001)晶面,根据布拉格方程 $2d\sin\theta=n\lambda$,可知这里选择的 GO 原料具有较大的层间距(0.900 nm)。与 GO 相比,KRGO 和 RKGO 的 XRD 图谱均发生了较大变化:首先,位于 10°左右的(001)晶面衍射峰强度出现了明显减弱,表明反应过程中水合肼确实对 GO 进行了有效的还原,其次,KRGO 和 RKGO 的衍射主峰分别变为位于 23.7°和 23.1°,其层间距分别为 0.381 nm 和 0.390 nm,表明由于水合肼在还原过程中将 GO 表明的大部分含氧基团去除,因此 KRGO 和 RKGO 的层间距与 GO 相比均发生了较大缩小,而且由于 RKGO 制备过程中 KH560 的保护,因此 RKGO 上残留的含氧基团相较于 KRGO 更多,层间距也更大,这与前面的表征分析结果一致。

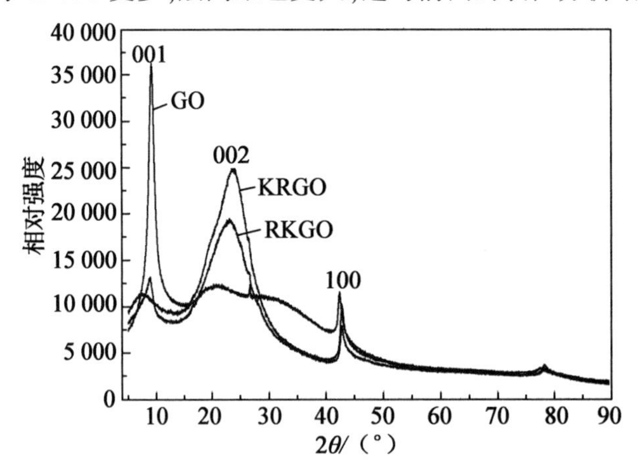

图 4-10 GO、KRGO 和 RKGO 粉体的 XRD 测试图谱

为了提高改性石墨烯的导电性,以及在环氧树脂基体中的分散性和兼容性,在方法一和方法二的处理过程中,这里选择了还原能力高效的水合肼溶液作为还原剂和与环氧树脂基体兼容效果好的环氧基硅烷偶联剂 KH560 作为改性剂来对 GO 进行处理。

根据上述 SEM、TEM、FTIR、Raman 和 XRD 的表征结果和分析表明,还原剂在显著提高改性石墨烯导电性的同时,不可避免地会对 GO 原有的片层结构造成一定程度的破坏。在方法一中,由于还原步骤先于改性步骤,因此 KH560 偶联剂无法对 GO 片层进行保护,虽然石墨烯的导电性得到了大幅度提高,但 GO 的表面形貌和片层结构遭到了较大程度的破坏,同时过少的残留含氧基团使得 KH560 偶联剂无法成功地接枝到 RGO 表面,造成了 KRGO 在环氧树脂基体中的分散性和兼容性有所下降。

但在方法二中,由于 GO 在被还原前先被 KH560 偶联剂进行了修饰,成功接枝在 GO 表面的 KH560 偶联剂基团在 GO 片层的还原过程中起到了重要的保护作用,因此改性石墨烯保留了 GO 原有的良好表面形貌和片层结构,RKGO 在 ER 基体中得到了更好的分散和兼容。然而由于偶联剂基团的保护作用,还原剂对 GO 片层的还原效果也受到了一定程度的限制,因此 GO 的还原不够彻底,表面的含氧基团有一定的残留,RKGO 粉体的导电性略低于 KRGO 粉体。

综上所述,这里设计的 2 种改性石墨烯制备方法均能制备片层结构和表面形貌良好、方块电阻低的改性石墨烯粉体,并且 KRGO 和 RKGO 都能在 ER 中具有较好的分散性。但由于制备方法的不同,方法一制备的 KRGO 粉体具有较好的导电性,方法二制备的 RK-GO 粉体具有更好的片层结构和表面形貌,为了对比分析研究两者在非线性导电复合材料中的实际特性与应用价值,下面将分别对 2 种粉体制备的改性石墨烯/环氧树脂复合材料进行非线性导电行为测试。

4.4　复合材料的场致导电性能测试与分析

4.4.1　KRGO/ER 和 RKGO/ER 复合材料的伏安特性测试结果

为了更好地分析对比 KRGO 和 RKGO 在非线性导电复合材料中的应用价值,对 2 种复合材料分别选择 5 组不同的填料质量分数(0.50%、0.75%、1.00%、1.25%、1.50%)并对其进行分类命名(表 4-4),然后使用以 Keithley 2600-PCT-4B 半导体参数分析仪为核心的伏安特性测试系统对 10 个复合材料样品在相同的条件下进行伏安特性测试,其结果如图 4-11 所示。同时为了保证测试夹具与被测复合材料样品之间具有良好的接触,在伏安特性测试过程中,在复合材料样品的表面涂覆了导电银胶,后面不再赘述。特别指出的是,在制备 2 种改性石墨烯/环氧树脂复合材料的过程中,我们发现随着导电填料(KRGO 或者 RKGO)的填充质量分数的不断增大,采用溶液共混法制备复合材料的混合体系最终会因黏度过大而无法搅拌和成型,经过多次实验,KRGO/ER 复合材料和 RKGO/ER 复合材料的最大填料质量分数应小于 3%。

由图 4-11 的测试结果可知,KRGO/ER 复合材料和 RKGO/ER 复合材料均在低电压区表现为欧姆电阻效应,而且由于复合材料在常态下的高电阻特性,因此测试电流非常小,为断路状态;随着外部电压的升高,在到达阈值电压的时刻,2 种复合材料也都出现了非欧姆效应,其电阻在瞬间发生了巨大下降,测试电流有了明显的增长。由此可以看出,KRGO 和 RKGO 所制备复合材料在合适的填料质量分数时均可表现出非常明显的非线性导电特性，且随着改性石墨烯填料质量分数的增加，2 种复合材料的相变阈值电压都发生了明显的下降。

表 4-4　复合材料样品分类命名表

复合材料样品名称	编码
环氧树脂-0. 50% GNPs (TEC1)	TEC1-0. 50%
环氧树脂-0. 75% GNPs (TEC1)	TEC1-0. 75%
环氧树脂-1. 00% GNPs (TEC1)	TEC1-1. 00%
环氧树脂-1. 25% GNPs (TEC1)	TEC1-1. 25%
环氧树脂-1. 50% GNPs (TEC1)	TEC1-1. 50%
环氧树脂-0. 50% GNPs (TEC2)	TEC2-0. 50%
环氧树脂-0. 75% GNPs (TEC2)	TEC2-0. 75%
环氧树脂-1. 00% GNPs (TEC2)	TEC2-1. 00%
环氧树脂-1. 25% GNPs (TEC2)	TEC2-1. 25%
环氧树脂-1. 50% GNPs (TEC2)	TEC2-1. 50%

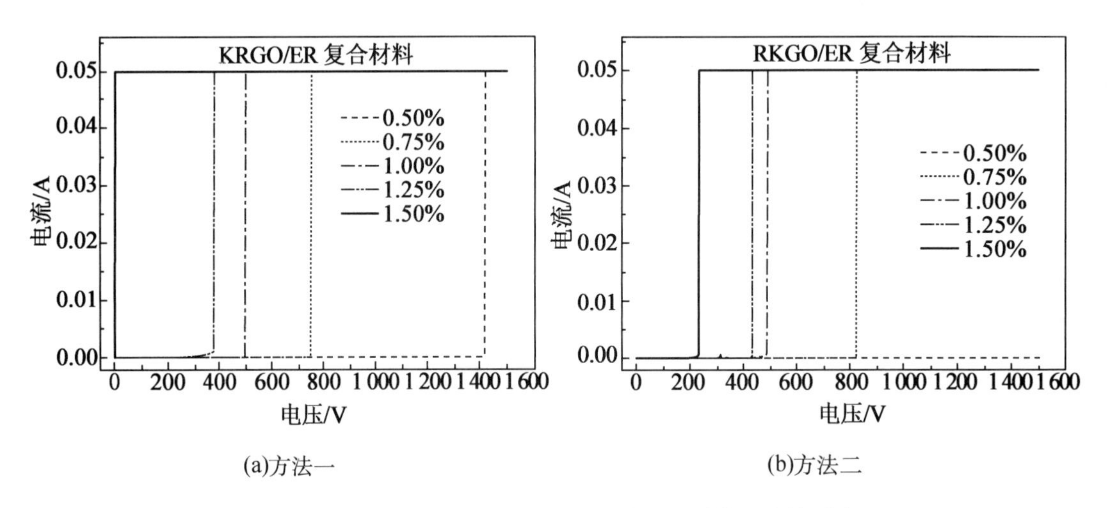

(a)方法一　　(b)方法二

图 4-11　KRGO/ER 和 RKGO/ER 复合材料的伏安特性测试图

对比图 4-10(a)和(b)，可以看出 KRGO/ER 复合材料样品在填料质量分数较低的时候就能展现出明显的非线性导电特性(0. 50%、0. 75%、1. 00%、1. 25%)，但在质量分数较高(1. 50%)时复合材料样品只表现出了低电阻的欧姆特性；反之 RKGO/ER 复合材料样品在填料质量分数较高时展现了明显的非线性导电特性(0. 75%、1. 00%、1. 25%、1. 50%)，但在较低的 0. 50%质量分数时复合材料样品只表现出了高电阻的欧姆特性，说明由于 KRGO 和 RKGO 两者在电阻、微观结构和分散性等性质的不同，会对复合材料本身的伏安特性带来巨大影响，需要进行更为细致和量化的分析。

4.4.2　KRGO/ER 和 RKGO/ER 复合材料的非线性导电行为分析

根据非线性导电系数的计算公式

$$X=[\log(I_2)-\log(I_1)]/[\log(V_2)-\log(V_1)] \quad (4-1)$$

式中，X 为复合材料样品在阈值电压的非线性系数；I_1、V_1 为复合材料样品发生相变前所对应的电流与电压；I_2、V_2 为复合材料样品发生相变后所对应的电流与电压。通过计算，不同填料质量分数下 2 种样品在阈值电压前后的非线性系数 X 分别见表 4-5 和表 4-6。

表 4-5　不同填料质量分数下 KRGO/ER 复合材料的非线性系数

复合材料样品名称	相变前	相变后
TEC1-0.50%	1.57	3 307.98
TEC1-0.75%	1.79	1 474.78
TEC1-1.00%	2.30	1 346.67
TEC1-1.25%	2.45	685.31
TEC1-1.50%	—	—

表 4-6　不同填料质量分数下 RKGO/ER 复合材料的非线性系数

复合材料样品名称	相变前	相变后
TEC2-0.50%	0.63	—
TEC2-0.75%	1.40	4 913.04
TEC2-1.00%	1.55	2 223.08
TEC2-1.25%	2.09	2 177.42
TEC2-1.50%	0.63	1 653.85

通过表 4-5 和表 4-6 的量化数据可以看出，随着外部电压的增加，2 种复合材料在相变前后的非线性系数 X 都发生了非常明显的变化。发生相变前，两种复合材料样品均处于高电阻欧姆状态，非线性系数非常小；当外部电压到达样品的阈值电压后，2 种复合材料的电阻都剧烈减小，非线性系数 X 瞬间增大，展现了良好的场致开关效应。

结合图 4-11(a)和(b)，随着导电填料质量分数的提高，2 种复合材料样品内导电填料的接触概率逐渐增加，更易在复合材料内部形成导电通路，样品的常态电阻有所下降，使得在相变前的非线性系数 X 缓慢增加，复合材料的相变阈值电压也随之降低，能够在更低的外部电压下发生相变；但初始电阻的降低也相应地降低了样品相变前后非线性系数的变化幅度，使得相变后的非线性系数 X 缓慢减小。

对比表 4-5 和表 4-6 可以发现，由于 KRGO 粉体具有更好的导电性，因此相同填料质量分数的 KRGO/ER 复合材料样品更易发生相变，并且在质量分数为 1.50%时就达到渝渗阈值变为常态低电阻，非线性导电系数的可调范围较小，相变后的非线性系数也较低

(685.31~3 307.98);反之,虽然 RKGO 粉体的导电性较差,导致其复合材料样品出现非线性导电行为所需的填料质量分数略高一些,但也使得 RKGO/ER 复合材料不易出现渝渗现象,具有更稳定的非线性导电行为,同时由于其在环氧树脂基体中具有更好的分散性和兼容性,当外部电压达到阈值电压后,RKGO/ER 复合材料内部更易发生量子隧道效应,使得相变后的非线性系数更大(1 653.85~4 913.04)。

4.5　改性石墨烯复合材料的非线性导电机理分析

通过研究聚合物基填充型复合材料非线性导电机制的相关理论,结合复合材料样品的表征和伏安特性测试结果,对纯 GNPs/ER 复合材料(KRGO/ER 和 RKGO/ER)的非线性导电机理进行了针对性分析,从理论上分析了纯 GNPs/ER 复合材料的优缺点以及改进方向。

KRGO/ER 和 RKGO/ER 复合材料虽然制备工艺有区别,但本质上都是将功能改性后的石墨烯掺杂于环氧树脂基体所制备的聚合物基填充型复合材料。如图 4-12 所示,纯 GNPs/ER 复合材料中的基本单元模型包括 GNPs-GNPs 单元和 GNPs-ER-GNPs 单元,其中前者是指复合材料中的改性石墨烯微片之间发生直接接触,在复合材料内部形成了局部导电网络,从而大幅度提高了复合材料的电导率;而 GNPs-ER-GNPs 单元是指在相邻改性石墨烯微片之间隔有一层非常薄的环氧树脂基体(<10 nm),形成了类似于"金属-绝缘体-金属"的对称矩形势垒单元,电子无法在改性石墨烯微片间直接传递,所以在无外加电压或者外接电压较低时,复合材料保持高阻状态;随着外加电压的增大,相邻 GNPs 上自由电子的能量不断增加,使得部分电子能够通过量子隧道效应穿越环氧树脂基体势垒,形成隧道电流,导致复合材料的阻值发生非线性的骤降;同时当外加电压足够大时,相邻 GNPs 间的环氧树脂基体薄层(<10 nm)因焦耳热效应发生不可逆的导通,也会在一定程度上降低复合材料的宏观阻值。

复合材料中 GNPs-ER-GNPs 单元的对称矩形势垒如图 4-13 所示,相邻石墨烯微片间的势垒能量为 E_b+E_c,V 为势垒所处的外界电压。当导电粒子的填充浓度低于渗滤阈值且外界电压较低时,材料内的导电网络尚未形成且电子在低场强环境下能量较低($<E_b+E_c$)、势垒跃迁概率很低,复合材料表现为绝缘状态。随着外界电压的逐渐升高,电子的能量也逐渐增加,当外界电压到达转换阈值电压时,相邻石墨烯微片的电子能量大幅提高甚至超过势垒能量($>E_b+E_c$),使得电子跃迁概率大幅提高,从而发生量子隧道效应迁形成隧道电流,导致复合材料电导率发生突变,出现非线性导电行为。

综上所述,纯 GNPs/ER 复合材料在很低的填料填充浓度下就能表现出非常明显的非线性导电行为,其非线性导电机理是导电通道理论、量子隧道效应理论和基体焦耳热效应的综合作用,主要受到填料特性、填充浓度和外界电压等因素的综合影响。

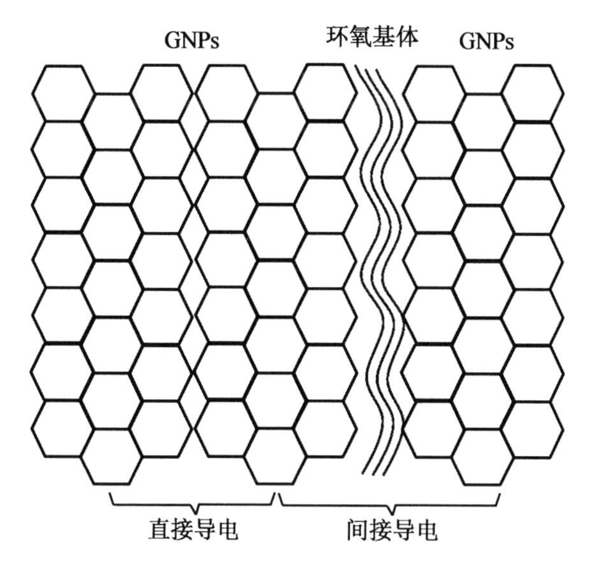

图 4-12　GNPs/ER 复合材料微观模型图

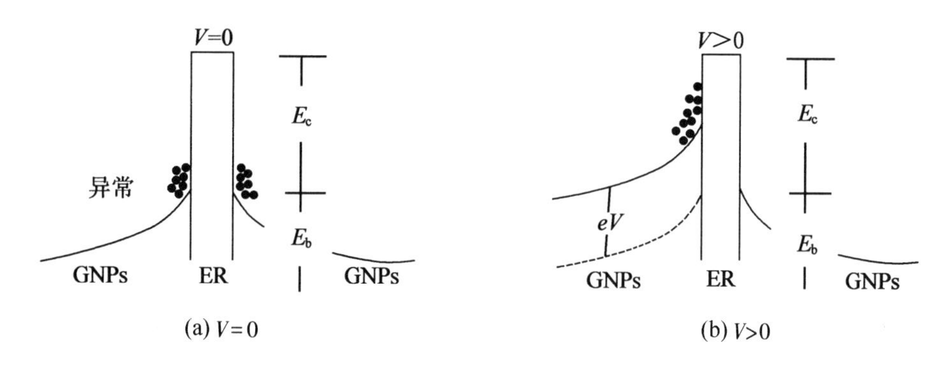

图 4-13　GNPs-ER-GNPs 对称矩形势垒示意图

第5章　石墨烯-碳纳米管复合材料制备及性能

5.1 引　　言

为进一步提高石墨烯微片填充型复合材料场致导电性能,本章探索研究石墨烯的热门同素异形体——碳纳米管(CNT)作为石墨烯的掺杂改性剂。碳纳米管是在1991年由日本NEC公司的科学家饭岛澄男(S. Iijima)在使用高分辨透射电子显微镜研究真空条件下电弧蒸发石墨的产物时偶然发现的纳米尺寸管状物。碳纳米管作为新型一维碳纳米材料,在理想状态下可以看作是由不同层数的石墨烯以中心为轴和一定螺旋角度卷曲而成的中空无缝管体,根据管壁的碳原子层数可将碳纳米管分为单壁碳纳米管(SWCNT)、双壁碳纳米管(DWCNT)和多壁碳纳米管(MWCNT)。其中,单壁碳纳米管的直径一般为0.75~6 nm,长度一般为0.2~50 μm,如果直径超过6 nm,管结构容易塌陷无法稳定存在。多壁碳纳米管根据碳原子层数的不同,直径一般为2~50 nm,长度为微米级。

碳纳米管的管壁与石墨烯片层均为六元碳环网格结构,碳原子之间用sp^2杂化连接,未成键的π电子可沿管壁在轴向高速传递,使得碳纳米管拥有良好的导电性,单根单壁碳纳米管的电阻率为7.6×10^{-4} Ω/cm,载流能力高达10^9 A/cm^2,是铜质导线的1 000倍,并具有量子传输性,不完全遵从经典欧姆定律。同时碳纳米管也是一种良好的场致发射材料,可在低于1 V/μm的场强下发射电子,最高电流密度可达4 A/cm^2,并且在5 000 h的实验中其发射电流可以稳定在200 μA,具有发射电压低、发射密度大、尺寸小、环境要求低和稳定性高等明显优势。

碳纳米管因其具有优异的电学、力学和热学等性能,作为增强相已经在聚合物基复合材料领域受到了广泛的关注和研究。由于碳纳米管本身具有非常大的长径比和非常强的管间范德瓦耳斯力,在复合材料制备过程中非常容易发生团聚,而且这种密集的团聚网络很难通过后续的物理化学方法打开,导致碳纳米管在聚合物基体的分散性很差,需要对其进行表面功能化改性来提高在聚合物基体中的分散性和界面结合能力。

在对前面"先改性后还原"的改性石墨烯填料制备方法进行改进的基础上,通过对多壁碳纳米管进行酸化处理,酸化后的碳纳米管能够均匀分散于石墨烯片层中,成功制备了具有更加优异导电性和良好微观结构的石墨烯-碳纳米管复合粒子(GNPs-CNTs)及其环氧树脂复合材料(GNPs-CNTs/ER),并通过调整GO与酸化CNTs的质量比和复合填料的质量分数,研究其电场诱导非线性导电行为以及性能的影响因素和影响规律,为材料性能的进一步优化提供依据。

5.2　石墨烯-碳纳米管/环氧树脂复合材料的制备

5.2.1　主要试剂原料与设备仪器

复合材料制备方法中主要使用的实验原料和化学试剂见表 5-1,其中实验用水为去离子水。

表 5-1　实验原料与化学试剂

原料试剂名称	简称	规格	用途	生产厂家
氧化石墨烯	GO	分析纯	石墨烯原料	苏州碳丰科技公司
多壁碳纳米管	MWCNTs	分析纯	碳纳米管原料	苏州碳丰科技公司
双酚 A 型环氧树脂 E-51	ER	分析纯	聚合物基体	滁州惠生电子材料公司
2-乙基-4-甲基咪唑	2E4MZ	分析纯	固化剂	山东西亚试剂公司
水合肼溶液(质量分数为 85%)	$H_2N_4 \cdot H_2O$	分析纯	还原剂	国药集团化学试剂公司
环氧基硅烷偶联剂	KH560	分析纯	偶联改性剂	南京创世化学公司
氢氧化钾	KOH	分析纯	pH 值调整	天津永大化学试剂公司
浓硫酸	H_2SO_4	分析纯	酸化碳纳米管	天津永大化学试剂公司
浓硝酸	HNO_3	分析纯	酸化碳纳米管	天津永大化学试剂公司
无水乙醇	C_2H_5OH	分析纯	溶剂	天津永大化学试剂公司

GNPs-CNTs/ER 复合材料的制备和表征所需要使用的实验仪器设备见表 5-2。其中超声波清洗机、电子天平、pH 值测试仪、集热式恒温加热磁力搅拌器、真空干燥箱、电热鼓风干燥箱、真空冷冻干燥箱、平板硫化机用于复合材料样品的制备,能谱分析仪(EDS)用于分析 GNPs-CNTs 粉体中所含的元素种类和比例,SEM、TEM、FTIR、Raman 和 XRD 的表征功能与前文类似,这里不再赘述。

表 5-2　实验仪器设备

仪器设备名称	型号	生产厂家
超声波清洗机	KH-100E	昆山禾创超声仪器有限公司
电子天平	HZK-FA110	福州市华志科学仪器有限公司
pH 值测试仪	PHS-3E	上海仪电科学仪器股份有限公司
集热式恒温加热磁力搅拌器	DF-101S	河南省予华仪器有限公司
真空干燥箱	DZ-3BC11	天津市泰斯特仪器有限公司
电热鼓风干燥箱	WGL-30B	天津市泰斯特仪器有限公司
真空冷冻干燥箱	FD-1A-50	北京博医康实验仪器有限公司

表 5-2(续)

仪器设备名称	型号	生产厂家
双电四探针电阻率测试仪	FT-341	宁波江北瑞柯伟业仪器有限公司
平板硫化机	XLB-Q	青岛嘉瑞橡胶机械有限公司
扫描电子显微镜	GeminiSEM 300	德国卡尔蔡司股份公司
能谱分析仪	Quantax 400	德国布鲁克光谱仪器有限公司
透射电子显微镜	JEOL JEM-2100	日本电子株式会社
傅里叶红外频谱分析仪	TENSORII	德国布鲁克光谱仪器公司
多晶 X 射线衍射仪	XD-6	北京普析通用仪器有限责任公司
拉曼光谱仪	LabRAM HR Evolution	日本堀场集团科学仪器事业部

5.2.2 GNPs-CNTs/ER 复合材料的制备方法

在前面介绍的纯 GNPs/ER 复合材料制备工艺的研究基础上,本节选择复合材料样品性能更好的 RKGO/ER 复合材料的制备工艺方法,设计了 GNPs-CNTs/ER 复合材料的制备步骤,其具体流程如下(以 w(GO):w(酸化 CNTs)= 1:1为例)。

(1)由于 MWCNTs 具有非常大的长径比,在溶剂中极易发生自身团聚,所以为了增强 MWCNTs 粉体在溶剂中的分散性,提高 KH560 偶联剂对 MWCNTs 的改性效果,需要先对 MWCNTs 粉体进行酸化处理:将一定量的 MWCNTs 粉体放入事先配制好的浓硝酸与浓硫酸的混合溶液中(浓硝酸与浓硫酸的体积比为 3:1),加热至 65 ℃并磁力搅拌 4 h。待溶液混合后,将事先配制好的 NaOH 溶液缓慢加入 MWCNTs 反应体系中,中和混合溶液的酸性,然后将中性的混合溶液用无水乙醇和去离子水抽滤、洗涤 3 次,并将滤饼经过 30 min 的预冷后放入真空冷冻干燥箱,冷冻干燥 24 h 后取出,得到黑色的酸化 CNTs 粉体。

(2)将 100 mg GO 加入事先准备好的 KH560 分散液,超声分散 1 h 后,加入 100 mg 酸化 MWCNTs 并继续超声分散 1 h,然后在油浴锅内加热至 80 ℃并磁力搅拌 4 h 后得到深褐色悬浮液;反应完毕的悬浮液用去离子水和无水乙醇抽滤、洗涤 3 次,将滤饼经过 30 min 的预冷后放入真空冷冻干燥箱,冷冻干燥 24 h 后取出,得到深褐色蓬松粉体改性氧化石墨烯+酸化碳纳米管(KGO-KCNTs)。

(3)将 200 mg KGO-KCNTs 和 400 ml 无水乙醇在烧杯中混合,在超声波清洗机中超声分散 2 h 后得到褐色溶液;加入 294 mg 水合肼溶液(KGO-KCNTs 和 N_2H_4 的质量比为 10:8),并用事先调配好的 KOH 溶液使得混合体系的 pH=10,在油浴锅内加热至 90 ℃并磁力搅拌 6 h 后得到黑色悬浮液;反应完毕的黑色悬浮液用去离子水和无水乙醇抽滤、洗涤 3 次,将滤饼经过 30 min 的预冷后放入真空冷冻干燥箱,冷冻干燥 24 h 后取出,得到黑色蓬松粉体石墨烯-碳纳米管复合粒子(GNPs-CNTs)。

(4)将一定量的 GNPs-CNTs 粉体与足量无水乙醇混合并超声分散 1 h 后,再加入一定量的 E-51 环氧树脂超声分散 1 h;加热至 80 ℃并充分搅拌,直至将无水乙醇完全蒸发去除；最后加入环氧树脂质量分数 4%的固化剂 2E4MZ，在 50 ℃下搅拌 1 min 后倒入模具并抽气泡 10 min，常温放置 24 h 后于 100 ℃加热 4 h，得到固化成型的 GNPs-CNTs/ER 复合材料。GNPs-CNTs/ER 复合材料样品的厚度与 GNPs/ER 复合材料样品一致。

5.3　石墨烯-碳纳米管及其环氧树脂复合材料的表征与分析

为了能够准确观察 GNPs-CNTs 填料制备方法各个步骤中生成物的表面形貌和微观结构，选用 SEM、EDS、TEM、FTIR、Raman 和 XRD 等技术手段，重点对 GNPs-CNTs 粉体的表面形貌、片层结构和表面基团进行表征和分析，为后续研究分析 GNPs-CNTs 填料及其环氧树脂复合材料的特性打下基础。

5.3.1　GNPs-CNTs 及其环氧树脂复合材料断面的 SEM 和 EDS 表征与分析

从图 5-1 中不同放大倍数的 SEM 图中可以看出，本节选择的 MWCNTs 粉体外径尺寸较为均一（30~50 nm），长度适中（10~20 μm），具有表面缺陷少、长径比大的良好微观表面结构，能够很好地满足 GNPs-CNTs 复合粒子的制备需求。

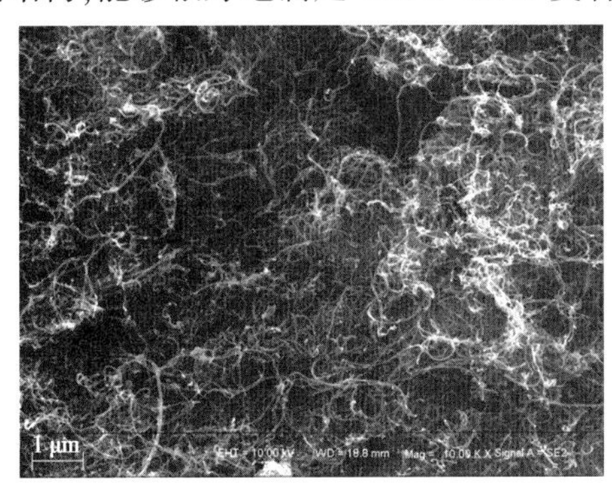

(a) 10 000 倍

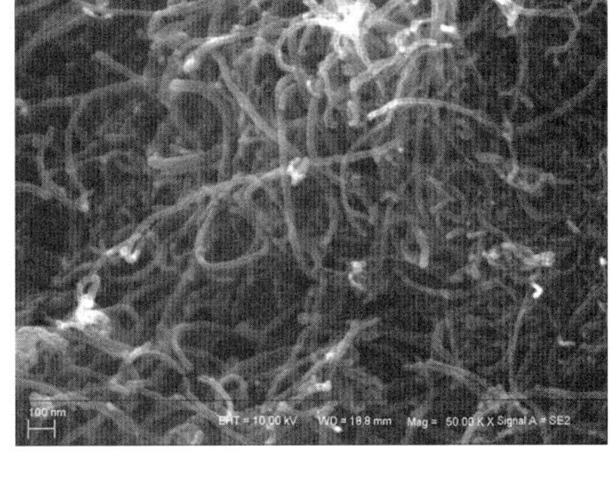

(b) 50 000 倍

图 5-1　不同放大倍数下 MWCNTs 粉体的 SEM 表征图

图 5-2 为当 w(GO)∶w(酸化 CNTs)= 1∶2时 GNPs-CNTs 不同放大倍数的复合粉体的 SEM 表征图。从图中可以看出，一维线型结构的 CNTs 分散于二维平面结构的 GNPs 片层中间并较为紧密地吸附在 GNPs 表面，彼此间的范德瓦耳斯力阻止了团聚现象的发生，使得 GNPs 片层保持了大比表面积的微观结构，并且具有超高长径比的 CNTs 有效地连接了相邻的 GNPs 片层，对提高 GNPs-CNTs-ZnO 复合粉体的导电性具有重要作用。但从图 5-2(b)可以发现，由于 CNTs 的质量分数过高，因此 CNTs 本身在 GNPs 表面发生了一定的团聚，在一定程度上影响了 CNTs 的本身特性。

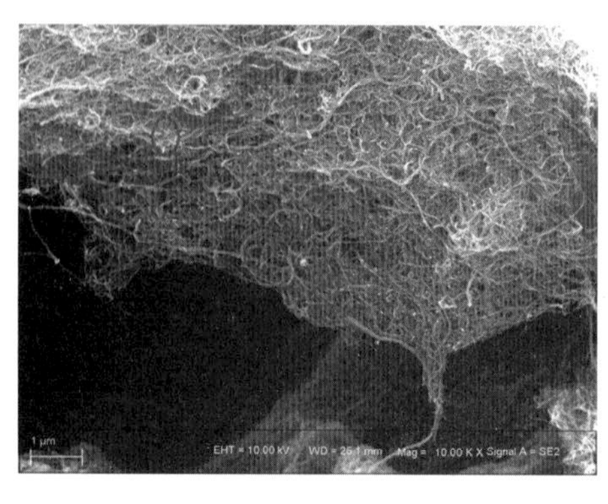

(a) 10 000 倍

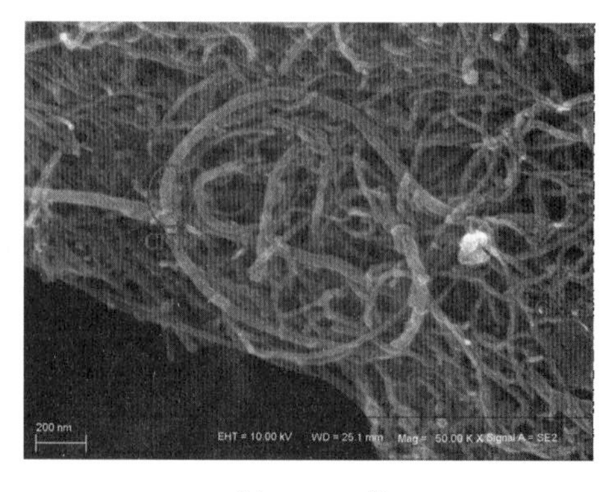

(b) 50 000 倍

图 5-2 w(GO) ∶w(酸化 CNTs)= 1∶2时不同放大倍数的 GNPs-CNTs 复合粉体的 SEM 表征图

图 5-3 为当 w(GO)与 w(酸化 CNTs)的质量比为 2∶1时不同放大倍数的 GNPs-CNTs-ZnO 复合粉体的 SEM 表征图。从图中可以看出,本组样品的微观结构与图 5-2 样品类似,GNPs-CNTs 复合粉体具有较好的微观形貌,CNTs 较为均匀地分散在 GNPs 表面。但从图 5-3(b)中可以发现,CNTs 质量分数过小导致 CNTs 无法实现对 GNPs 的均匀吸附,使得 CNTs 对 GNPs 相邻片层间的分离效果减弱,导致 GNPs-CNTs 复合粉体中的 GNPs 片层出现了部分褶皱和团聚,在一定程度上影响了复合粉体的微观结构和性能。

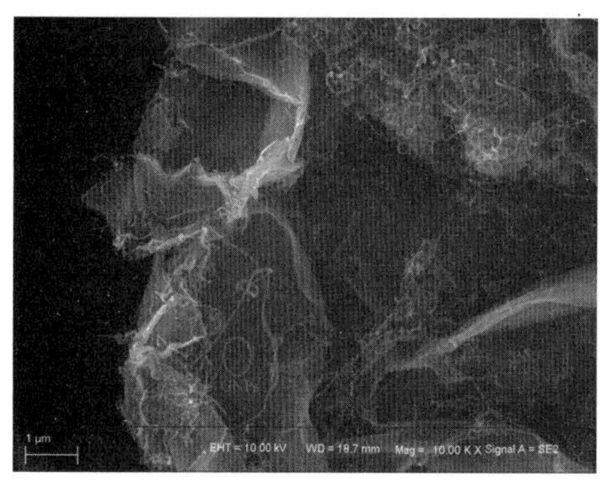

(a) 10 000 倍

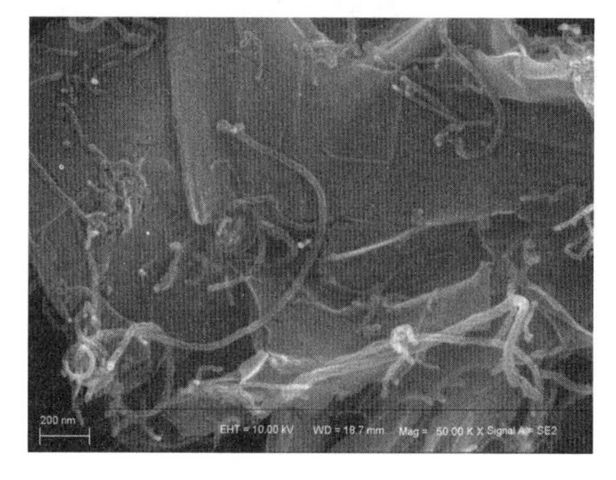

(b) 50 000 倍

图 5-3 w(GO) ∶w(酸化 CNTs)= 2∶1时不同放大倍数的 GNPs-CNTs 复合粉体的 SEM 表征图

图 5-4 为 w(GO) ∶w(酸化 CNTs)= 1∶1时不同放大倍数的 GNPs-CNTs 复合粉体的 SEM 表征图。从图中可以看出,本组样品的微观结构与图 5-2 和图 5-3 样品类似,GNPs-CNTs 复合粉体具有良好的微观形貌。并且从图 5-4(a)和图 5-4(b)中可以发现,由于 CNTs 质量分数较为适宜,CNTs 能够均匀地分散在 GNPs 片层中而不发生明显的团聚,因此本组 GNPs-CNTs 复合粉体中 GNPs 和 CNTs 能够较好地兼容和共存,与前 2 组相比具有最好的微观形貌结构,很好地满足了本章聚合物基非线性导电复合材料的制备需求。

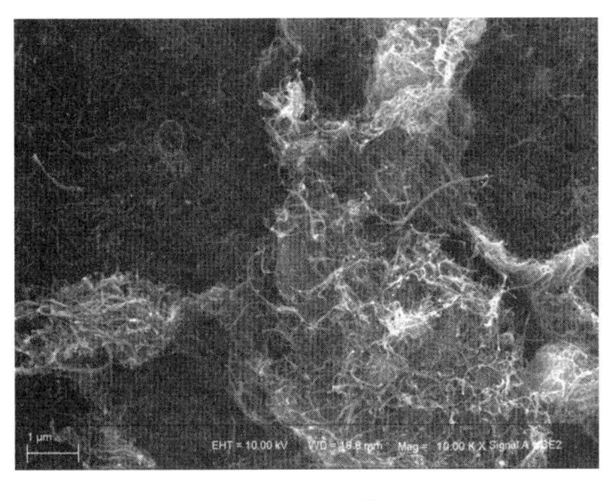

(a) 10 000 倍

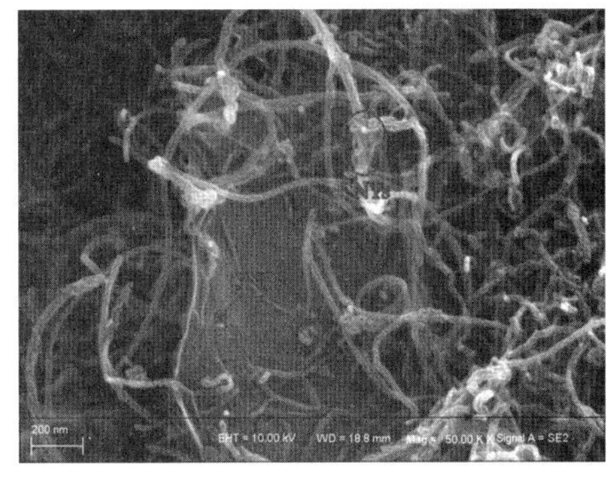

(b) 50 000 倍

图 5-4 w(GO):w(酸化 CNTs)=1:1时不同放大倍数的 GNPs-CNTs 复合粉体的 SEM 表征图

图 5-5 为 GNPs-CNTs 复合粉体的 EDS 测试图,从图中可以明显地发现,样品主要包含碳元素和氧元素,而且碳元素的含量远远高于氧元素,可以在一定程度上表明经过水合肼的还原,GNPs 和 CNTs 表面的含氧基团大部分已被去除,GNPs-CNTs 粉体的还原效果良好,有利于导电性的提高。

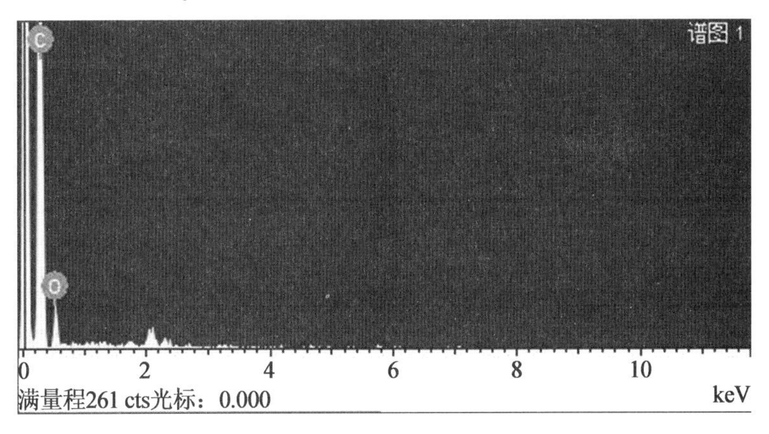

图 5-5 GNPs-CNTs 复合粉体的 EDS 测试图

图 5-6 中展示了 GNPs-CNTs/ER 复合材料断面的 SEM 表征图。从图中可以明显看出,GNPs-CNTs 复合粒子能够较为均匀地分布在 ER 基体中,两者间的分界面并不明显,说明由于具有较好的片层结构和表面形貌,GNPs-CNTs 复合粒子能够在环氧树脂基体中拥有较好的分散性和兼容性。

5.3.2 GNPs-CNTs 的 TEM 表征与分析

如图 5-7 所示,在 TEM 表征下可以看出本章选择的 MWCNTs 具有良好的微观结构,内外径和长度较为均一,能够很好地满足本章 GNPs-CNTs 粉体的制备需求。

图 5-8 为 w(GO):w(酸化 CNTs)的质量比为 1:2时 GNPs-CNTs 复合粉体的 TEM 微观图像,与图 5-2 中 SEM 微观图像所反映的情况基本一致,一维线型结构的 CNTs 在保持超高长径比的情况下分散于 GNPs 片层中间,连接相邻片层的同时,有效阻止了 GNPs 在

反应过程中的团聚现象,使得 GNPs 片层保持了具有大比表面积的二维平面结构。不过由于 CNTs 的质量分数过大,从图 5-8(a)和(b)中能看到 CNTs 较为明显的团聚,在一定程度上影响了 GNPs-CNTs 复合粉体的微观形貌。总体来讲 GNPs-CNTs 复合粉体中 2 种不同维度的材料分散较为均匀,具有较大的比表面积和较少的结构缺陷,能够满足本章聚合物基非线性导电复合材料的制备需求。

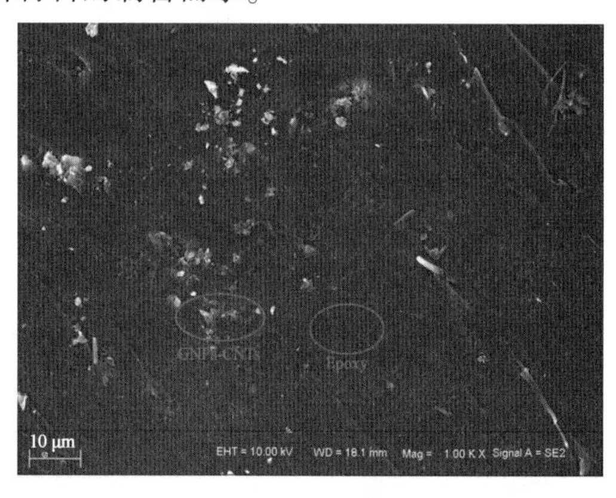

图 5-6 GNPs-CNTs/ER 复合材料断面的 SEM 表征图

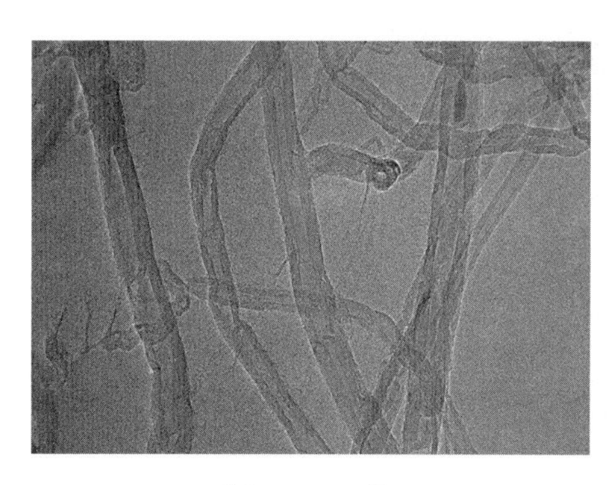

(a) 150 000 倍

(b) 600 000 倍

图 5-7 不同放大倍数下 MWCNTs 悬浮液的 TEM 表征图

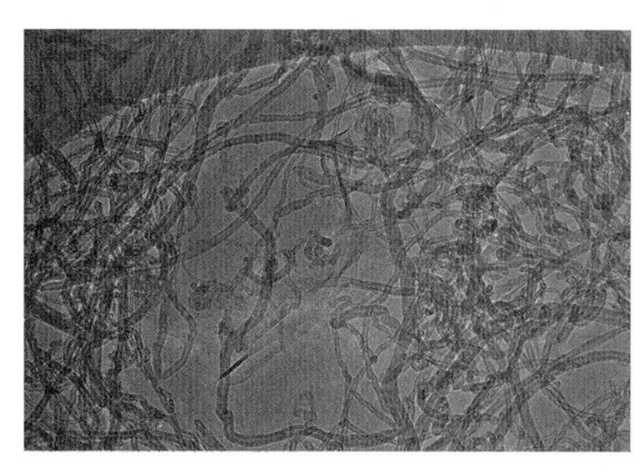

(a) 40 000 倍

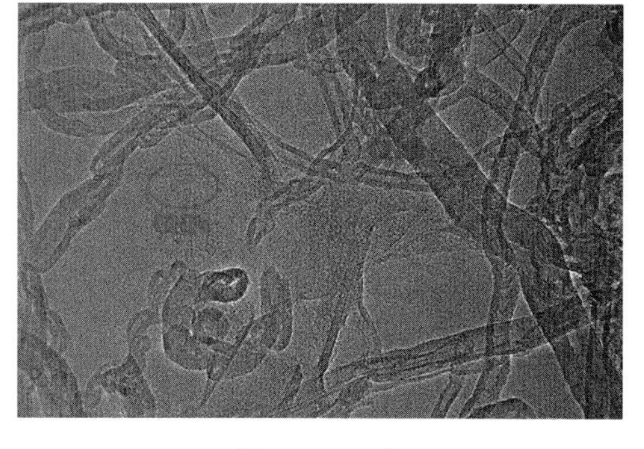

(b) 150 000 倍

图 5-8 w(GO)∶w(酸化 CNTs)= 1∶2时不同放大倍数下的 GNPs-CNTs 悬浮液的 TEM 表征图

图 5-9 为 w(GO)∶w(酸化 CNTs)= 2∶1时不同放大倍数下的 GNPs-CNTs 复合粉体的

TEM 表征图,与图 5-3 中 SEM 微观图像所反映的情况基本一致,2 种不同维度的材料互相分散较为均匀良好,能够满足本章聚合物基非线性导电复合材料的制备需求。需要注意的是,由于 CNTs 的质量分数较低,从图 5-9(a)和(b)中能看到 GNPs 片层发生了较为明显的团聚,在一定程度上影响了 GNPs-CNTs 复合粉体的微观形貌。

图 5-10 为当 w(GO):w(酸化 CNTs)= 1:1时不同放大倍数下的 GNPs-CNTs 复合粉体的 TEM 表征图,与图 5-4 中 SEM 微观图像所反映的情况基本一致,2 种不同纬度的材料互相分散较为均匀良好,能够满足本章聚合物基非线性导电复合材料的制备需求。而且由于 GNPs 与 CNTs 的质量比较为合适,从图 5-9(a)和(b)中能看到 GNPs 片层和 CNTs 分散均匀,能够较好地兼容和共存,与前 2 组相比具有更好的微观形貌结构,很好地满足了本章聚合物基非线性导电复合材料的制备需求。

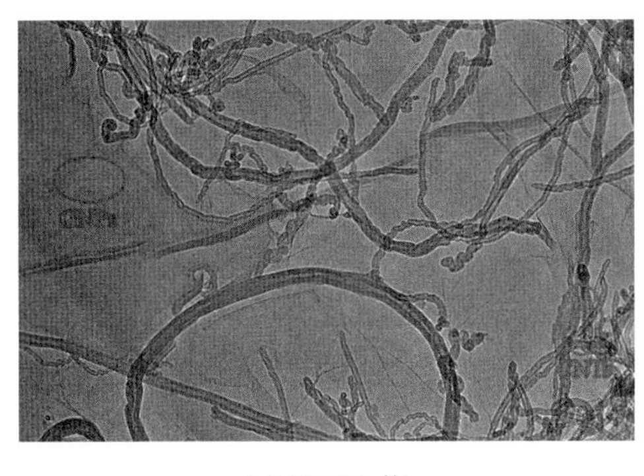

(a) 40 000 倍

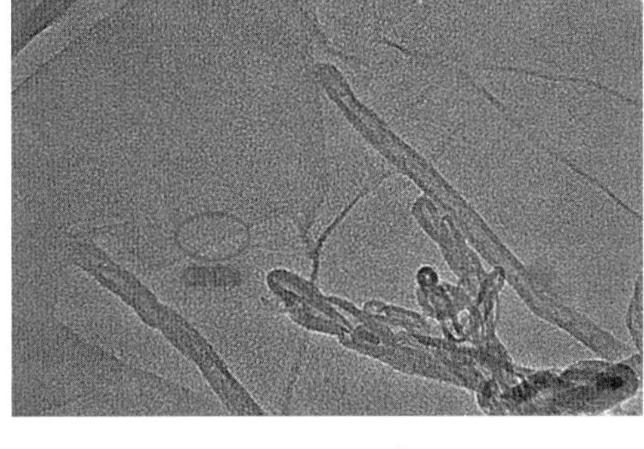

(b) 150 000 倍

图 5-9　w(GO):w(酸化 CNTs)= 2:1时不同放大倍数下的 GNPs-CNTs 复合粉体的 TEM 表征图

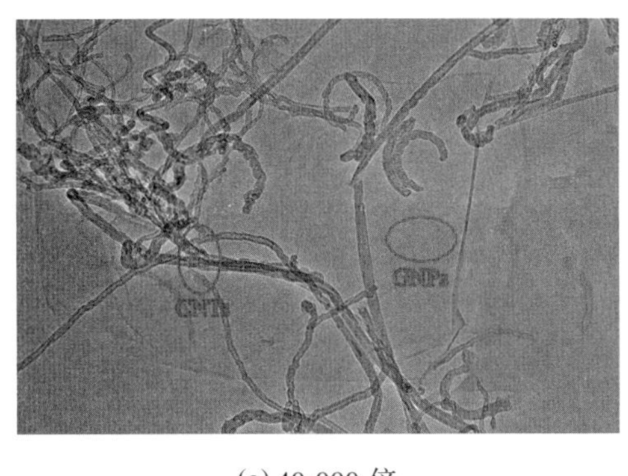

(a) 40 000 倍

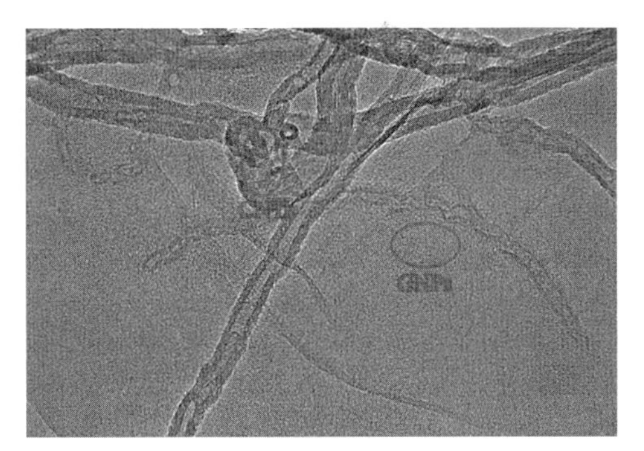

(b) 150 000 倍

图 5-10　w(GO):w(酸化 CNTs)= 1:1时不同放大倍数下的 GNPs-CNTs 复合粉体的 TEM 表征图

5.3.3　GNPs-CNTs 的 FTIR 表征与分析

在 GNPs-CNTs 复合粉体的制备过程中,同样需要用水合肼溶液作为还原剂,将 GO 和酸化 CNTs 表面上丰富的含氧基团去除,使得 GO 和酸化 CNTs 表面的 sp^3 杂化结构转化为 sp^2 杂化结构,使其导电性得到明显的提高。从图 5-11 的 FTIR 测试图中可以看到,对比 GO 的测试曲线,GNPs-CNTs 复合粉体测试曲线上的各个峰值有了比较明显的减小,尤其是在 3 440 cm^{-1} 的 O—H 伸缩峰、1 510 cm^{-1} 的 C═O 伸缩峰、1 050 cm^{-1} 的 C═O 伸缩峰和 510 cm^{-1} 的 C—O—C 伸缩峰，表明在 GNPs-CNTs 复合粉体的制备过程中，水合肼作为还原剂成功地去除了 GO 和酸化 CNTs 表面上的大量含氧基团。不过与 RGO 的测试曲线相比，GNPs-CNTs 复合粉体测试曲线上的对应峰值较大，说明 GNPs 和 CNTs 两者间的相互作用一定程度上阻碍了还原过程的效果，使得相对较多的含氧基团保留了下来。

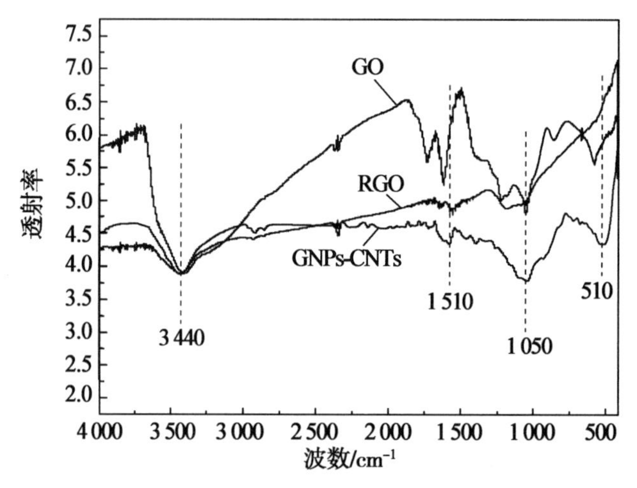

图 5-11 GO、RGO 和 GNPs-CNTs 粉体的 FTIR 测试图

在 GNPs-CNTs 复合粉体的制备过程中，GO 和酸化 CNTs 会被分别还原为 RGO 和 CNTs，还原剂水合肼将 GO 和酸化 CNTs 表面含氧基团去除的同时能够大大提高粉体的导电性。使用双电四探针电阻率测试仪对具有不同 GO 和酸化 CNTs 质量比的 GNPs-CNTs 复合粉体进行方块电阻测试（表 5-3），结果表明 GNPs-CNTs 复合粉体的方块电阻明显小于 KRGO 粉体和 RKGO 粉体。

表 5-3 不同 GO 和酸化 CNTs 质量比的 GNPs-CNTs 复合粉体的平均方块电阻

GNPs-CNTs 分组	平均电阻/Ω
1:2	3.37
2:1	11.14
1:1	6.83

5.3.4 GNPs-CNTs 的 Raman 光谱表征与分析

为了更好地说明 GNPs-CNTs 复合粒子的结构特征，图 5-12 展示了其 Raman 光谱测试图。由图中可知，GO、RGO 和 GNPs-CNTs 的 D 峰分别位于 1 344.61 cm^{-1}、1 345.06 cm^{-1} 和 1 344.17 cm^{-1}，G 峰分别位于 1 590.35 cm^{-1}、1 583.15 cm^{-1} 和 1 552.72 cm^{-1}，I_D/I_G 的值分别为 1.017、1.518、1.546。通过比较发现，与 GO 和 RGO 相比，GNPs-CNTs 的 G 峰发生了较为明显的红移，表明在 GNPs-CNTs 中 GNPs、CNTs 和修饰偶联剂 KH560 均发生了

强烈的相互作用。同时,GO、RGO 和 GNPs-CNTs 的 I_D/I_G 值依次增大,表明 GNPs-CNTs 的制备过程中的 CNTs 的引入、还原反应和修饰过程在 GNPs 表面引入了更多的缺陷,导致 GNPs-CNTs 中的 C-sp^2 区域尺寸减小,表面的无序度更强,使得 GNPs-CNTs 的 I_D/I_G 值增大更为明显。

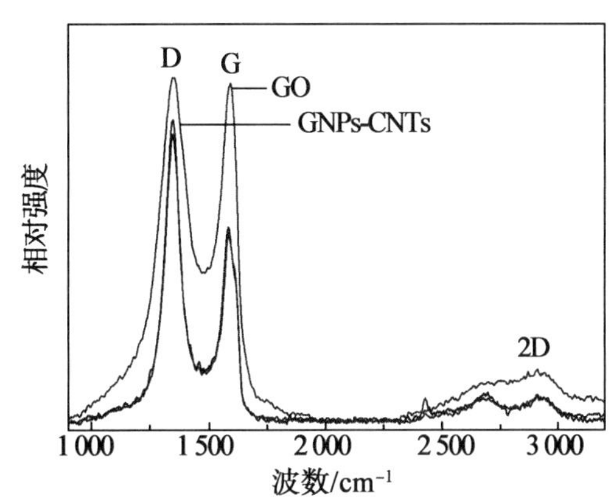

图 5-12　GO、RGO 和 GNPs-CNTs 粉体的 Raman 光谱测试图

5.3.5　GNPs-CNTs 的 XRD 表征与分析

酸化 CNTs 和 GNPs-CNTs 粉体的 XRD 测试图谱如图 5-13 所示。在酸化 CNTs 曲线中,$2\theta=26.0°$和 $2\theta=42.9°$处均出现了较为明显的衍射峰,分别对应于 CNTs 的(002)和(100)晶面,尤其是位于 $2\theta=26.0°$的主要衍射峰非常尖锐,说明本章选择的酸化 CNTs 粉体的结晶度较高,这与 GNPs 的 XRD 曲线是比较相似的。同时在 7.4°有一个较为微弱的衍射峰,对应的是酸化 CNTs 上的含氧基团,这与 GO 的 XRD 曲线较为相似。结合图 5-13 中 GNPs 的 XRD 曲线,进一步将 GNPs-CNTs 曲线与 CNTs 曲线对比可以发现,GNPs-CNTs 在(002)晶面的衍射峰变得更高更宽,可以认为是 GNPs 曲线和 CNTs 曲线在 20.0°~26.0°范围内的叠加,表明 GNPs 和 CNTs 在反应过程中彼此得到了良好的分散,同时(001)晶面的衍射峰也表明在 GNPs-CNTs 上残留着一部分含氧基团,与前文 SEM、TEM 和 FTIR 表征结果相一致。

为了进一步提高 GNPs 填料的导电性,降低 GNPs 填料复合粉体的填充浓度,本章在研究碳系材料修饰和掺杂技术的基础上,选择了碳纳米管作为一维填充材料,并利用前文 RKGO 粉体的制备方法,成功制备了由一维和二维材料组成的双相复合填充材料。

根据上述 SEM、EDS、TEM、FTIR 和 Raman 的表征结果和分析表明,本章制备的 GNPs-CNTs 复合粉体具有比表面积大和缺陷堆叠少的特点,且一维线型的 CNTs 较为均匀地穿插在 GNPs 的二维片层中间,使复合粉体具有良好的表面形貌和片层结构,同时加强了 GNPs 片层间的联系,有效提高了 GNPs-CNTs 复合粉体的导电性。通过对不同 GO 和酸化 CNTs 质量比复合粉体的表征结果进行比较,发现当 GO 和酸化 CNTs 的质量比为 1∶1 时 GNPs-CNTs 复合粉体具有最好的微观形貌结构。为了进一步分析研究 GNPs-CNTs 复合粉体在非线性导电复合材料中的实际特性与应用价值,下面将对其环氧树脂复合材料进行非线性导电行为测试。

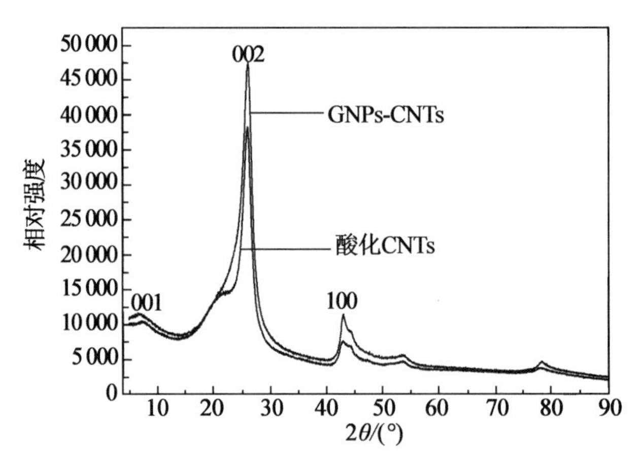

图 5-13 酸化 CNTs 和 GNPs-CNTs 粉体的 XRD 测试图谱

5.4 石墨烯-碳纳米管/环氧树脂复合材料的场致导电性能测试与分析

5.4.1 GNPs-CNTs/ER 复合材料的伏安特性测试

为了进一步研究 GNPs-CNTs 的实际特性,分析 GNPs-CNTs 复合粒子在非线性导电复合材料中的应用价值,本章在总结 GNPs-CNTs 复合粒子多种表征结果的基础上,先根据 GO 与酸化 CNTs 的质量分数比将样品分为 3 组(1∶2、2∶1、1∶1),再根据 GNPs-CNTs 复合粒子在其环氧树脂复合材料中的质量分数每组分别制备 5 个不同的待测样品,分别使用 Keithley 2600-PCT-4B 半导体参数分析仪对这 5 个复合材料样品在相同的条件下进行伏安特性测试(a),并选择其中出现非线性导电行为的复合材料样品进行 20 次重复测试(b)。

溶液共混法制备过程中混合体系的黏度会随着导电填料(GNPs-CNTs)的填充质量分数增大而增大,最终会因黏度过大而无法搅拌和成型。经过多次试验发现 GNPs-CNTs/ER 复合材料特别是当 GO 与酸化 CNTs 的质量分数比为 1∶2时,其最大填料质量分数应小于 1.8%,这个数值远小于 GNPs/ER,表明 CNTs 的加入对保持 GNPs 大表面积微观结构有明显作用,减轻了 GNPs 片层在制备过程中还原反应和热反应中的团聚现象,使得 GNPs-CNTs 复合粒子的比表面积略大于 KRGO 和 RKGO,同时拥有更小的初始电阻,这与 GNPs-CNTs 复合粒子的表征结果相一致。

如图 5-14(a)所示,组 1(GO 与酸化 CNTs 的质量分数比为 1∶2)中不同 GNPs-CNTs 复合粒子质量分数的样品在首次测试中表现出了不同的伏安特性。当填料质量分数过小时(0.3%),相邻填料之间的距离过大,复合材料内部无法形成足够数量的有效导电通道,导致样品即便在很高的外部电压下(3 000 V)也没有发生电导率的突变;当 GNPs-CNTs 复合粒子的质量分数上升到一定程度后(0.4%和 0.5%),随着相邻填料间距的缩小,使得样品虽然在低电压区表现为高阻欧姆效应,但当外部电压上升到某一阈值后,其测试电流发生了突增,表现出了明显的场致开关行为,而且由于填料质量分数与材料初始电阻的正相关性,使得样品的相变阈值电压随着填料质量分数的增大而减小;但当填料质量分数进一步增大时,由于相邻填料间距过小,样品内形成了过多的导电通路,导致样品的初始电阻过小,在较低的外部电压下就表现为低阻欧姆特性,不存在开关行为。

图 5-14(b)显示了对图 5-14(a)中非线性导电样品(1:2_0.4%和 1:2_0.5%)的多次重复测试结果,可以发现这 2 个样品在后续重复测试时仅仅表现出了低阻欧姆特性,不存在首次测试时的非线性导电行为,重复性较差,与实际应用需求相差甚远。

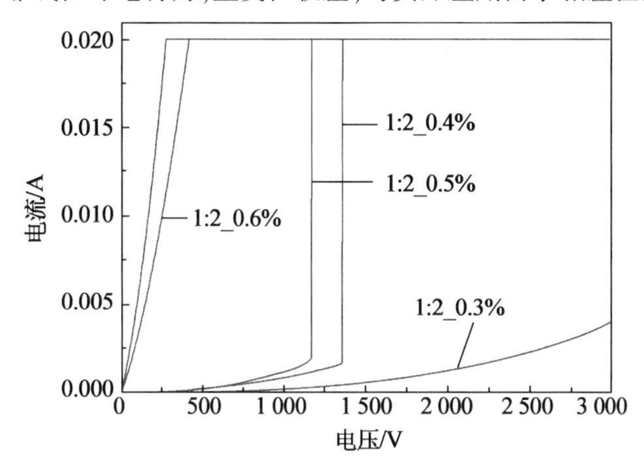

(a)不同质量分数样品的首次测试曲线

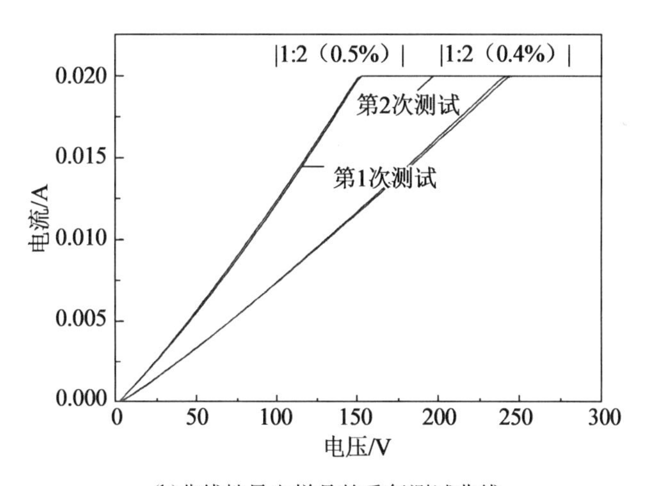

(b)非线性导电样品的重复测试曲线

图 5-14　GO 与酸化 CNTs 的质量分数比为 1:2时不同质量分数的复合材料伏安特性测试图

如图 5-15(a)所示,组 2(GO 与酸化 CNTs 的质量分数比为 2:1)中不同 GNPs-CNTs 复合粒子质量分数的样品在首次测试中表现出了不同的伏安特性。与图 5-14(a)类似,随着填料质量分数的增加,不同样品由于内部相邻填料间距和初始电阻的减小,在首次测试时依次表现出了纯高阻(0.6%)、非线性导电(0.7%、0.8%、0.9%)和纯低阻(1.0%)的伏安特性,并且由于填料质量分数与材料初始电阻的正相关性,样品的相变阈值电压也随着填料质量分数的增大而减小。需要特别注意的是,与组 1 相比,由于组 2 填料中 GO 与酸化 CNTs 的质量分数比上升，导致 GNPs-CNTs 复合粒子的电阻增加(表 5-3)，使得组 2 样品在需要更高的填料质量分数才能表现出与组 1 样品类似的伏安特性。

图 5-15(b)显示了对图 5-15(a)中非线性导电样品(2∶1_0.7%、2∶1_0.8%和 2∶1_0.9%)的多次重复测试结果，可以发现样品 2∶1_0.7%和 2∶1_0.8%在后续多次重复测试中仍表现出了明显的场致开关行为，具有较好的重复性，且其相变阈值电压下降明显，具有一定的实际电磁防护应用潜力；而样品 2∶1_0.9wt%则与图 5-14(b)中类似，在后续重复测试时仅仅表现出了低阻欧姆特性，不存在首次测试时的开关行为，重复性较差，与实际应用需求相差甚远。

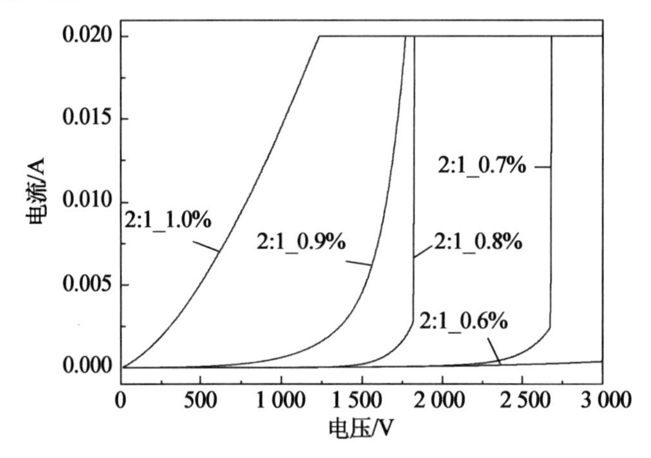

(a)不同质量分数样品的首次测试曲线

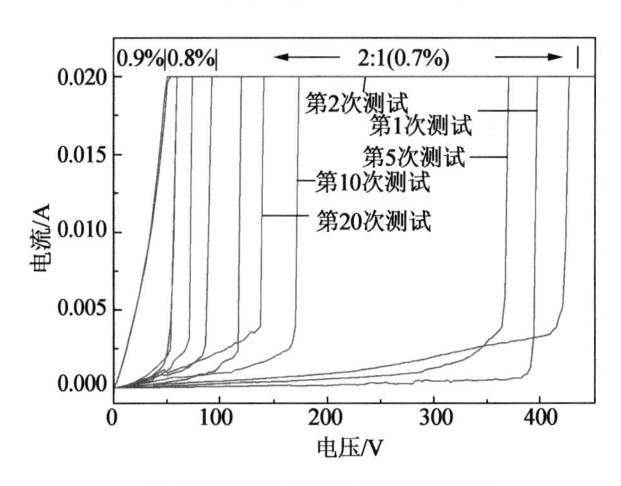

(b)非线性导电样品的重复测试曲线

图 5-15　GO 与酸化 CNTs 的质量分数比为 2∶1时不同质量分数的复合材料伏安特性测试图

如图 5-16(a)所示，组 3(GO 与酸化 CNTs 的质量分数比为 1∶1)中不同 GNPs-CNTs 复合粒子质量分数的样品在首次测试中表现出了不同的伏安特性。与图 5-14(a)和图 5-15(a)类似，随着填料质量分数的增加，不同样品在首次测试时也依次表现出了纯高阻(0.5%、0.6%)、非线性导电(0.7%、0.8%)和纯低阻(0.9%)的伏安特性，并且由于填料质量分数与材料初始电阻的正相关性，样品的相变阈值电压也随着填料质量分数的增大而减小。同样需要注意的是,由于组 3 填料的电阻介于组 1 和组 2 之间(表 5-3),使得组 3 样品在表现出类似伏安特性时所需要的填料质量分数也介于组 1 和组 2 之间。

图 5-16(b)显示了对图 5-16(a)中非线性导电样品(1∶1_0.7%和 1∶1_0.8%)的多次重复测试结果。可以发现与样品 2∶1_0.7%和 2∶1_0.8%类似,样品 1∶1_0.7%与在后续多次重复测试中仍能表现出明显的场致开关行为,具有较好的重复性,且其相变阈值电压下降明显,具有一定的实际电磁防护应用潜力;而样品 1∶1_0.8%则在后续重复测试时仅仅表现出了低阻欧姆特性,不存在首次测试时的开关行为,重复性较差,与实际应用需求相差甚远。

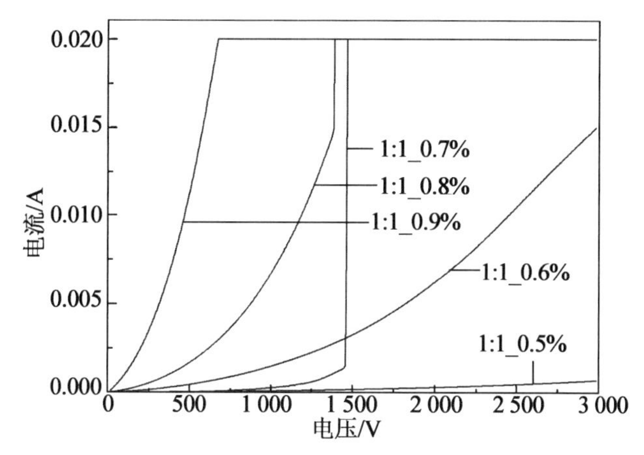

(a)不同质量分数样品的首次测试曲线

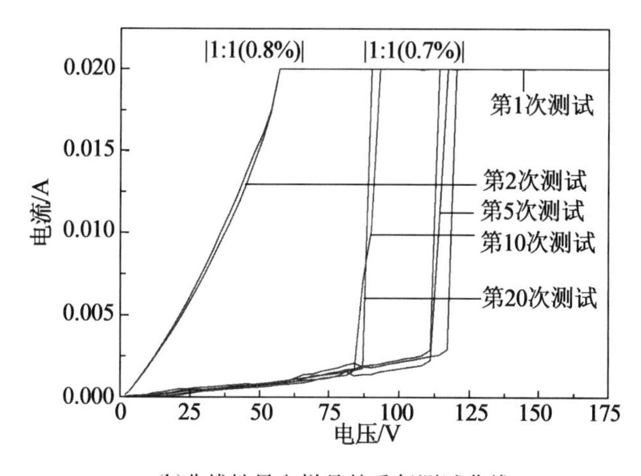

(b)非线性导电样品的重复测试曲线

图 5-16　GO 与酸化 CNTs 的质量分数比为 1∶1时不同质量分数的复合材料伏安特性测试图

5.4.2　GNPs-CNTs/ER 复合材料的场致导电性能分析

根据前面非线性导电系数的计算公式,通过计算不同填料质量分数下 3 组样品(不同 GO 与酸化 CNTs 的质量分数比)中具有非线性导电特性的样品在阈值电压前后的非线性系数 X,见表 5-4。

表 5-4 3 组样品 GNPs-CNTs/ER 复合材料的非线性系数

组别	填料质量分散	相变前	相变后	重复测试相变前	重复测试相变后
1:2	0.4%	1.26	908.72	-	-
	0.5%	1.45	561.03	-	-
2:1	0.7%	1.33	942.73	1.57	95.97
	0.8%	1.51	398.93	1.73	38.76
	0.9%	1.53	9.17		
1:1	0.7%	1.23	418.98	1.68	57.25
	0.8%	1.52	133.69		

从表 5-4 中的量化数据可以看出，随着外部电压的增加，3 组样品（GO 与酸化 CNTs 的质量分数比为 1:2、2:1和 1:1）中具有不同质量分数的复合材料样品的非线性系数 X 在相变前后相比都发生了非常明显的变化。在发生相变前，复合材料样品均处于欧姆效应下的高电阻状态，非线性系数非常小（1.23~1.53）；当外部电压达到样品的阈值电压后，7 种复合材料样品的电阻发生突降，非线性系数 X 明显增大（9.17~908.72），展现了非常明显的场致开关特性。同时结合图 5-15（a）、图 5-16（a）和图 5-17（a）可以发现，在相同质量分数的情况下，随着 GNPs-CNTs 复合粒子中 GO 与酸化 CNTs 质量分数比的增大，填料导电性和样品初始导电性提高，样品相变后的非线性系数随之减小；而在同组样品中，填料质量分数的增大使得复合材料内部的潜在导电通路数量增加，初始电阻减小，导致样品相变前的非线性系数增加，相变后的非线性系数减小。

针对具有重复性的 3 个样品（2:1_0.7%、2:1_0.8%和 1:1_0.7%），本章计算了其 20 次伏安特性测试结果的平均值。从表 5-5 中可以发现，对于单个样品重复测试中相变前的非线性系数均大于首次测试，而重复测试中相变后的非线性系数均明显大于首次测试，说明首次测试后样品电阻发生了明显下降，使得后续重复测试中的非线性系数发生了明显减小。对于同组样品，在重复测试中其相变前后非线性导线系数的变化规律与首次测试时一致。

表 5-5 展示了 3 个具有可重复场致开关行为样品（2:1_0.7%、2:1_0.8%和 1:1_0.7%）在多次重复测试中的相变阈值电压的变化范围及其方差。可以发现，对于同组样品，填料质量分数的增加会提高样品内部潜在导电通路的数量，使得样品的初始电阻降低，从而使得样品在多次测试中相变阈值电压的范围和方差更小，得到更加稳定的重复性。同样地，对于相同质量分数的不同组样品，组别 1:1的 GNPs-CNTs 复合粉体具有更好的微观结构和更高的导电性，使得在相同质量分数下其复合材料样品内部的导电通路更加稳定有效，相变阈值电压和方差更小，具有更稳定的可重复性。

表 5-5　具有可重复非线性导电行为的 GNPs-CNTs/ER 样品的相变电压与方差

组别	填料质量分散	阈值电压/V	Δ/%
2:1	0.7%	264.3±126.2	47.75
	0.8%	85.6±31.5	36.80
1:1	0.7%	100.6±16.5	16.40

5.5　石墨烯-碳纳米管/环氧树脂复合材料的场致导电机理分析

本节以聚合物基填充型双相复合材料非线性导电机制的相关理论为基础，结合本章复合材料样品的表征和伏安特性测试结果以及前面对纯 GNPs/ER 复合材料非线性导电机理的分析总结，对 GNPs-CNTs/ER 复合材料的可调控非线性导电机理进行讨论和分析，对可调控非线性导电行为形成机理的分析研究及其性能的后续改进提供理论依据。

GNPs-CNTs/ER 复合材料是由石墨烯和碳纳米管作为填料的双相掺杂复合材料，本质上属于聚合物基碳系双相掺杂填充复合材料，其内部微观模型图如图 5-17 所示，主要包括 GNPs-CNTs-GNPs 单元和 GNPs-CNTs-ER-CNTs-GNPs 单元 2 种。其中前者指的是 GNPs-CNTs 复合粉体在材料内部发生直接接触，从而形成了局部的导电通路，使得复合材料的初始电导率上升；而后者指的是在相邻 GNPs-CNTs 复合粉体间有一层非常薄的环氧树脂基体（<10 nm），形成了类似于“导体-绝缘体-导体”的对称矩形势垒单元，与 GNPs-CNTs-GNPs 单元不同，由于对称势垒的存在电子常态下无法在导电填料间直接传递，只有当外界电压足够大使得电子获得足够强的能量时，才能够发生量子隧道效应穿越环氧树脂基体势垒，形成隧道电流，使得复合材料具有非线性导电特性。

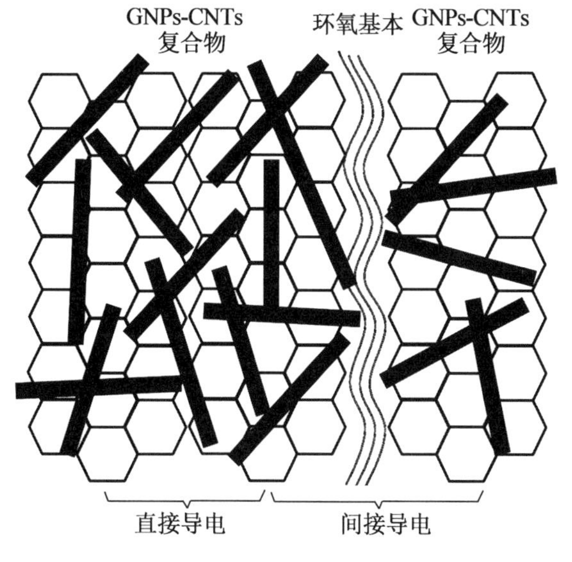

图 5-17　GNPs-CNTs/ER 复合材料内部微观模型图

需要注意的是，GNPs-CNTs-GNPs 和 GNPs-CNTs-ER-CNTs-GNPs 这 2 种单元在复合材料内部的占比与填料质量分数及填料微观结构（GO 与酸化 CNTs 的质量分数比）直接相关，填料质量分数越大，相邻填料的间距越小，越容易出现填料直接接触的 GNPs-CNTs-GNPs 单元，虽然能够明显降低样品初始电阻，但随着填料质量分数的不断增大，当 GNPs-CNTs-GNPs 单元的占比超过阈值后，样品会表现出 3.4 节中的常态低阻状态。反之，过小的填料质量分数会使样品内部相邻填料间距过大，电子即便在极高电压下也无法穿越势垒，导致样品表现出 3.4 节中的常态高阻状态。

GNPs-CNTs/ER 复合材料在外部高场强下的内部电子传递示意图如图 5-18 所示，当复合材料样品中填料质量分数和微观结构（GO 与酸化 CNTs 的质量分数比）达到一定数值时，合适的填料间距形成了足够多的潜在导电通路，使样品在常态保持高阻状态的同时，能够在外部高电压下实现电子的量子隧道效应和跃迁，使电子能够在 GNPs-CNTs 复合粒子间传递，出现明显的非线性导电行为。需要注意的是，与第 2 章中 GNPs/ER 复合材料类似，在样品初次测试时，非线性导电行为的出现需要相邻填料间的环氧树脂基体在外部电压下产生焦耳热效应出现不可逆的相变，需要的电压非常高，这是首次测试的相变阈值电压远高于后续重复测试中相变阈值电压的原因。

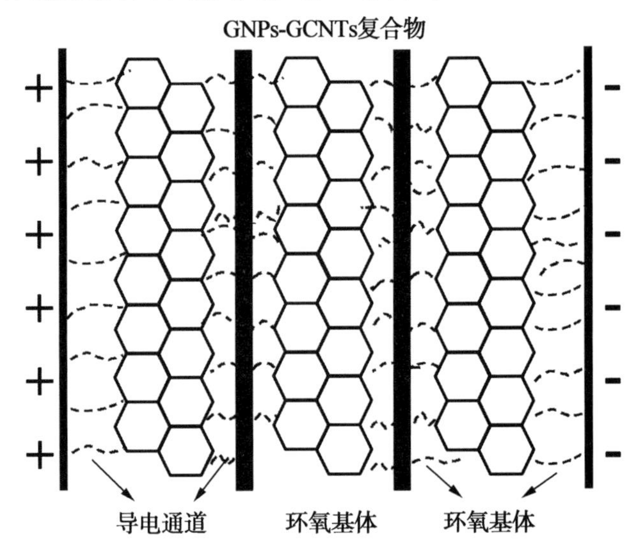

图 5-18 高场强下 GNPs-CNTs/ER 复合材料内部电子传递示意图

特别地，当样品中填料的微观结构（GO 与酸化 CNTs 的质量分数比）和质量分数达到一个特殊范围时（2∶1_0.7%、2∶1_0.8%和 1∶1_0.7%），虽然首次测试使得填料间的环氧树脂发生了不可逆的焦耳热相变，但由于 GNPs-CNTs 复合粒子中一维线型结构和二维片型结构的叠加作用，使得 GNPs-CNTs/ER 复合材料可以在比纯 GNPs/ER 复合材料更大的填料间距实现环氧树脂的焦耳热相变。在发生焦耳热相变后，虽然填料间的环氧树脂层的电阻发生了不可恢复的降低，复合材料样品的初始电阻也相应地提高，但较大的填料间距使得样品在较低的外部电压下仍能保持高阻状态（远低于首次测试时的初始电阻），并在外部电压上升到一定值时（远低于首次测试时的相变阈值电压），实现电子在填料间的量子隧道效应,发生可重复的场致开关行为。

综上所述,GNPs-CNTs/ER 复合材料在拥有合适的填料质量分数和 GO 与酸化 CNTs 质量分数比时能够表现出多种导电行为(高阻态行为、可重复非线性导电行为、不可重复非线性导电行为、低阻态行为),其非线性导电机理是导电通道理论和量子隧道效应理论的综合作用,主要受到填料特性、填充浓度、组成部分质量比和外界电压等因素的复合影响,而且由于具有超高长径比的一维 CNTs 的加入,使得 GNPs-CNTs/ER 复合材料内部填料间的连接更加紧密,不仅有效解决了纯 GNPs/ER 复合材料发生非线性导电行为表现单一且无重复性的问题,而且提供了更高的灵活性和可控性,比纯 GNPs/ER 复合材料具有更高的实际应用潜力。

第6章　氧化锌包覆石墨烯复合材料制备及性能

6.1　引　　言

在前期研究中，利用石墨烯的改性和多相掺杂复合材料制备技术，成功制备了石墨烯和碳纳米管的双相掺杂复合材料（GNPs-CNTs/ER）。虽然 GNPs-CNTs/ER 复合材料在表现出明显的非线性导电行为的同时，能够在具有特定的填料配比和质量分数时表现出一定的可重复性和可调控性，但其可重复性的稳定性略显不足且合适的填料配比与质量分数范围较小，使得 GNPs-CNTs/ER 复合材料在电子设备电磁屏蔽的实际应用中适用性还有待提高，需要研究新的石墨烯改性方法，进一步提高复合材料场致相变效应的可重复性和稳定性。

为了解决这个问题，借鉴金属氧化物半导体材料的可重复场致相变特性，探索研究金属氧化物半导体修饰的石墨烯复合粒子以及聚合物基复合材料制备方法和非线性导电行为。本章拟选择半导体金属氧化物材料——氧化锌（ZnO）作为石墨烯的改性剂。ZnO 是一种重要的Ⅱ-Ⅵ族宽禁带直接带隙半导体，六方纤锌矿是其最为常见和最为稳定的晶体结构，常温下呈白色粉末状固体，无毒无臭，不溶于水但可溶于强酸和强碱，晶体颜色会随温度的升高变为黄色，冷却后即可复原，具有良好的热学稳定性，即使加热至升华温度也不会发生分解，具有很高的熔点和良好的热学稳定性。ZnO 作为常见的宽禁带半导体材料，室温下的禁带宽度为 3.37 eV，激子结合能为 60 meV，室温下 ZnO 的激子能够稳定存在并在更高的温度下激发，具有较低的功函数、良好的发射尖端和热化学稳定性，是优良的场致发射材料。有研究发现，通过化学气相沉积法制备了 ZnO 纳米线，然后成功地在 ZnO 纳米线上生长了石墨烯。该复合材料具有良好的场致发射性能，其开启电压(1.3 V/μm)远低于纯 ZnO(2.5 V/μm)。

金属氧化物半导体材料是目前先进材料领域的热门研究方向，同时具备半导体材料和氧化物材料的独特性能，尤其是 ZnO 金属氧化物半导体材料，因其优异的电学、光学和催化等性能在多个领域已经得到了广泛应用。将 Ar 离子与 ZnO 粒子相结合，成功制备了 p 型 ZnO，并可与 n 型 ZnO 构成同质 p-n 结。同时，通过在 ZnO 材料表面沉积贵金属或者掺杂金属离子，可以得到具有较高光催化能力的复合半导体材料，能够实现对农药、色素、CCl_4 等污染物的催化分解，且制备工艺简单，成本低廉。哈尔滨理工大学的吕菲等将 ZnO 与石墨烯结合，成功制备了具有良好光催化性能的 ZnO/石墨烯复合材料。

随着石墨烯材料和纳米技术的发展，采用合适的方法将 ZnO 纳米粒子和石墨烯纳米微片相结合，得到兼具 ZnO 良好压电特性和石墨烯优异导电性的复合材料，对改善纯石墨烯/环氧树脂非线性导电复合材料的可重复性不足，提高当前场致发射和压电材料性能具有重要意义。本章设计了步骤简单且效果良好的一步溶剂热法。通过该法能够制备晶型良好的 ZnO 粒子并将其包覆在石墨烯表面，得到氧化锌包覆石墨烯纳米微片（GNPs-ZnO）。将 ZnO 良好的可重复场致相变特性和石墨烯优良的导电性和比表面积结合起来，能够制备出具有良好可重复非线性导电行为的 ZnO 包覆石墨烯/环氧树脂复合材料（GNPs-ZnO/ER）。本章通过调整 GNPs 与 ZnO 的质量分数比，探索研究 GNPs-ZnO/ER 复合材料的非线性导电行为影响因素和规律。

6.2　石墨烯-氧化锌/环氧树脂复合材料的制备

6.2.1　主要试剂原料与设备仪器

本章中复合材料制备方法中主要使用的实验原料和试剂见表 6-1，其中实验用水为去离子水。

表 6-1　实验原料与化学试剂

原料试剂名称	简称	规格	用途	生产厂家
氧化石墨烯	GO	分析纯	石墨烯原料	苏州碳丰科技公司
双酚 A 型环氧树脂 E-51	ER	分析纯	聚合物基体	滁州惠生电子材料公司
二水合醋酸锌	$Zn(AC)_2 \cdot 2H_2O$	分析纯	ZnO 原料	天津永大化学试剂公司
2-乙基-4-甲基咪唑	2E4MZ	分析纯	固化剂	山东西亚试剂公司
水合肼溶液（质量分数 85%）	$H_2N_4 \cdot H_2O$	分析纯	还原剂	国药集团化学试剂公司
氢氧化钠	NaOH	分析纯	pH 值调整	天津永大化学试剂公司
无水乙醇	C_2H_5OH	分析纯	溶剂	天津永大化学试剂公司
N,N-二甲基甲酰胺	DMF	分析纯	溶剂	天津永大化学试剂公司
去离子水	H_2O	分析纯	溶剂	天津永大化学试剂公司

GNPs-ZnO/ER 复合材料的制备和表征所需要使用的仪器设备见表 6-2。其中超声波清洗机、电子天平、pH 值测试仪、集热式恒温加热磁力搅拌器、真空干燥箱、电热鼓风干燥箱、200 ml 聚四氟乙烯内衬反应釜、真空冷冻干燥箱、平板硫化机用于 GNPs-ZnO 粉体及其环氧树脂复合材料样品的制备，X 射线光电子能谱仪（XPS）用于分析 GNPs-ZnO 复合粉体的元素价态和化学键信息，SEM、EDS、TEM、FTIR、Raman 和 XRD 的表征功能与前文类似，这里不再赘述。

表 6-2 实验仪器设备

仪器设备名称	型号	生产厂家
超声波清洗机	KH-100E	昆山禾创超声仪器有限公司
电子天平	HZK-FA110	福州市华志科学仪器有限公司
pH 值测试仪	PHS-3E	上海仪电科学仪器股份有限公司
集热式恒温加热磁力搅拌器	DF-101S	河南省予华仪器有限公司
真空干燥箱	DZ-3BC11	天津市泰斯特仪器有限公司
电热鼓风干燥箱	WGL-30B	天津市泰斯特仪器有限公司
聚四氟乙烯内衬反应釜	200 ml	上海秋佐科学仪器有限公司
真空冷冻干燥箱	FD-1A-50	北京博医康实验仪器有限公司
平板硫化机	XLB-Q	青岛嘉瑞橡胶机械有限公司
扫描电子显微镜	GeminiSEM 300	德国卡尔蔡司股份公司
能谱分析仪	Quantax 400	德国布鲁克光谱仪器有限公司
透射电子显微镜	JEOL JEM-2100	日本电子株式会社
傅里叶红外频谱分析仪	TENSOR Ⅱ	德国布鲁克光谱仪器有限公司
多晶 X 射线衍射仪	XD-6	北京普析通用仪器有限责任公司
拉曼光谱仪	LabRAM HR Evolution	日本堀场集团科学仪器事业部
X 射线光电子能谱仪	K-Alpha+	美国赛默飞世尔科技有限公司

6.2.2 GNPs-ZnO/ER 复合材料的制备方法

本章设计了步骤简单且效果良好的一步溶剂热法来实现 GNPs-ZnO 粉体的制备，并通过对制备过程中不同溶剂（无水乙醇、DMF 和去离子水）、不同温度（160 ℃、180 ℃、200 ℃）和不同反应时间（15 h、20 h、25 h）所得产物的 TEM 表征图进行对比，确定了 GNPs-ZnO 复合粒子的最佳制备条件。下面以无水乙醇为溶剂、反应温度为 180 ℃和反应时间为 20 h 为例对 GNPs-ZnO 复合粒子的制备流程进行说明。

为了得到分散性良好的 GO 和 $Zn(AC)_2 \cdot 2H_2O$ 溶液，由于 GO 粉体在溶剂中的分散难度较大，先将一定质量的 GO 粉体倒入无水乙醇，超声分散 1 h 后，再加入一定量的 $Zn(AC)_2 \cdot 2H_2O$ 粉末并继续超声分散 1 h，得到分散均匀的黄褐色溶液 A。然后将事先配制好的 NaOH 溶液缓慢加入到溶液 A 中并不停搅拌，随着反应体系 pH 值的不断升高，烧杯底部开始出现灰色沉降，表明反应体系中的 Zn^{2+} 离子已经开始与 OH^- 离子发生反应，生成 $Zn(OH)_2$ 并产生沉淀。直到溶液的 pH 值稳定在 10 后，将烧杯放入磁力搅拌器中，常温搅拌 1 h 得到灰褐色的悬浮液 A。

为了提高填料的导电性，本章同样选择还原能力强的水合肼溶液作为 GO 的还原剂。向悬浮液 A 中加入一定质量的水合肼溶液（GO 和 N_2H_4 的质量分数比为 10:8），然后将反应体系加热至 90 ℃并持续搅拌 4 h，得到灰黑色的悬浮液 B，表明 GO 在 90 ℃环境下已经成功被水合肼还原为 RGO。接着将悬浮液 B 倒入聚四氟乙烯内衬的反应釜,拧紧旋盖后放置于真空加热干燥箱中,加热至 180 ℃反应 20 h。反应完毕后将自然冷却至室温的灰色悬浮液 C 从反应釜中取出并抽滤、洗涤 3 次,然后将滤饼经过 30 min 的预冷后放入真空冷冻干燥箱,冷冻干燥 24 h 后取出,得到灰色的 GNPs-ZnO 粉体。下面对不同反应条件下得到的 GNPs-ZnO 粉体进行比较。

反应溶剂作为溶剂热反应的发生环境,其自身的物理和化学性质能够直接影响反应原料与中间体的反应性和分散性,从而影响最终产物的微观形貌等特性。图 6-1 分别显示了无水乙醇、DMF 和去离子水作为溶剂时 GNPs-ZnO 复合粉体的 TEM 表征图,可以看出,由于无水乙醇具有适中的极性和黏度,使得 ZnO 纳米粒子在反应过程中具有较快反应速度的同时,能够保证生长界面的稳定,得到了晶形良好、尺寸较为均一的 ZnO 粒子,且与石墨烯结合形成稳定的 GNPs-ZnO 复合粉体;而 DMF 溶剂的黏度较大,Zn^{2+} 等反应物扩散能力减弱,严重影响了晶核的自我组装过程,使得 ZnO 粒子形成了不规则的片状结构;去离子水虽然黏度较低,但其较强的极性使得反应速度过快,导致 ZnO 粒子的尺寸不一,并出现了较为明显的团聚。

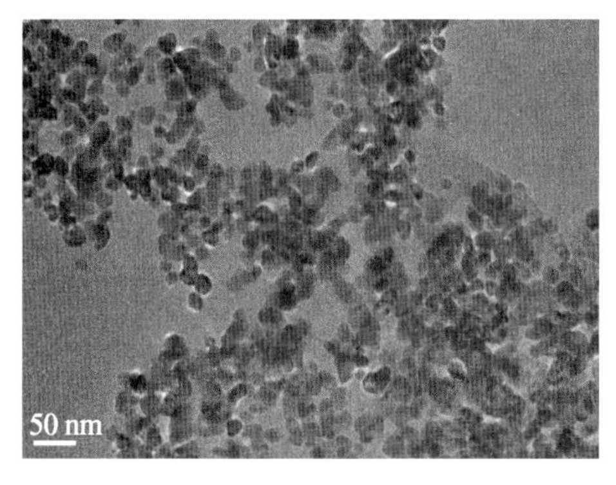

(a)无水乙醇

(b) DMF

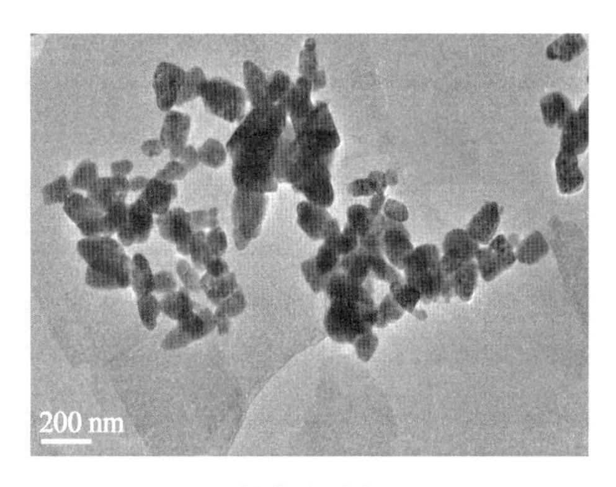

(c)去离子水

图 6-1　不同反应溶剂中 GNPs-ZnO 复合粉体的 TEM 表征图

反应温度是溶剂热反应中高温高压环境的主要因素之一,能够直接影响氧化石墨烯的还原过程和 ZnO 的结晶过程。通过对比图 6-2 中反应温度为 160 ℃、180 ℃和 200 ℃时 GNPs-ZnO 复合粉体的 TEM 表征图可以发现,反应温度对 ZnO 的结晶过程具有引导作用,随着反应温度的升高,ZnO 粒子的径向生长速度加快,结晶度逐渐变好,晶体的形状和尺寸较为均匀;但当反应温度过高时(200 ℃以上),反应体系的能量随之上升,ZnO 粒子在溶液中的过饱和度也进一步增大, ZnO 晶体的生长变得难以控制,导致产物中出现形状和尺寸异常的 ZnO 粒子。

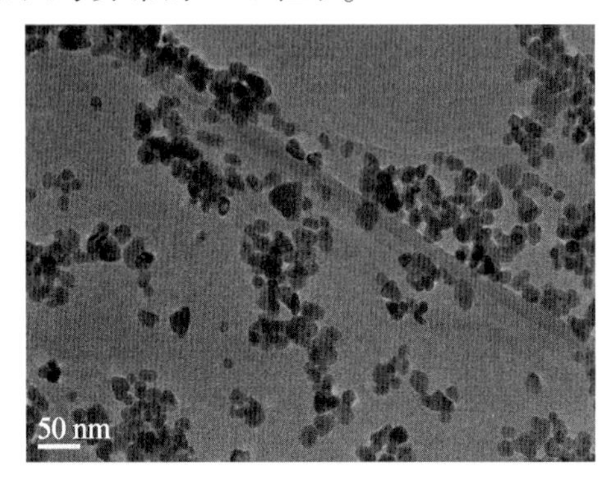

(a) 160 ℃

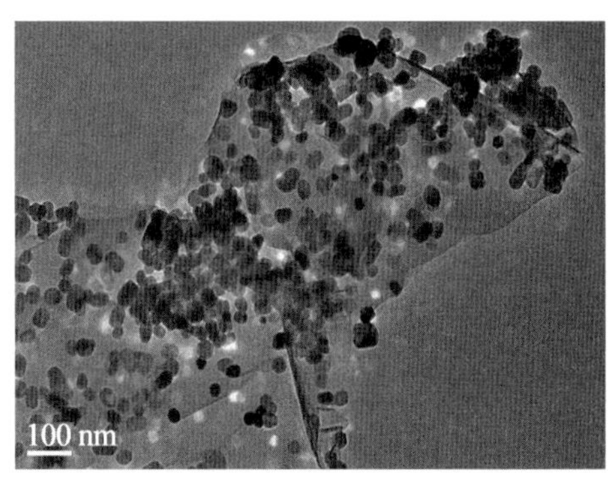

(b) 180 ℃

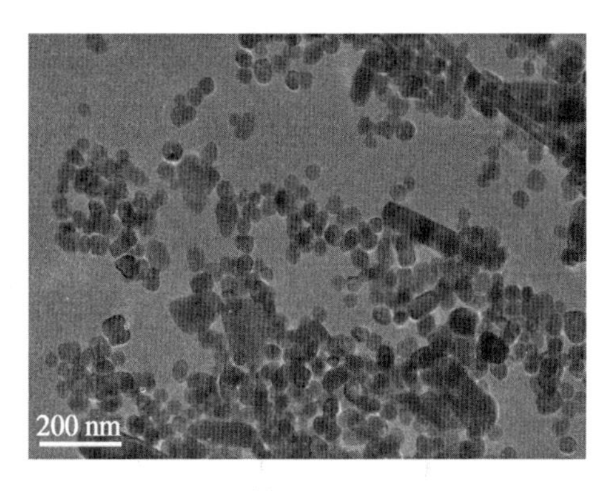

(c) 200 ℃

图 6-2　不同反应温度下 GNPs-ZnO 复合粉体的 TEM 表征图

反应时间是所有化学反应的重要因素之一,能够直接影响反应体系的能量吸收/释放过程和最终产物的特性。通过对比图 6-3 中反应时间分别为 15 h、20 h 和 25 h 的 GNPs-ZnO 复合粉体的 TEM 表征图可以发现,反应时间过短(15 h)会导致 ZnO 粒子的结晶过程不充分,使得 ZnO 粒子的形状和尺寸均不完善;随着反应时间的增加,ZnO 粒子的结晶度逐渐变好,晶体的生长和溶液中的 Zn^{2+} 浓度逐渐趋于极值,当反应时间过长时(25 h),ZnO 粒子"结晶-溶解"的动态平衡被打破,会导致晶体表面的 Zn^{2+} 重新溶蚀回到溶液中,使得 ZnO 粒子的形貌受损,同时过长的反应时间也会使处于高温高压环境的石墨烯表面负荷过大,可能导致石墨烯片层表面出现破损。

综上所述,以无水乙醇为溶剂、反应温度为 180 ℃、反应时间为 20 h 的一步溶剂热反应法制备的 GNPs-ZnO 复合粒子具有较好的微观结构和形貌特性。将 3. 33 g 在最佳反应条件中制备的 GNPs-ZnO 粉体与足量无水乙醇混合并超声分散 1 h 后,加入 10 g 的 E-51 环氧树脂超声分散 1 h(保证 GNPs-ZnO 填料的质量分数为 25%);将得到的灰色悬浮液放入油浴锅内,加热至 80 ℃并充分搅拌,直至将溶剂无水乙醇完全蒸发去除;最后加入环氧树脂质量分数为 4%的固化剂 2E4MZ,在 50 ℃下搅拌 1 min 后倒入模具并抽气泡 10 min,常温放置 24 h 后于 100 ℃加热 4 h,得到固化成型的 GNPs-ZnO/ER 复合材料。如图 6-4 所示,考虑到 ZnO 包覆后会降低 GNPs 的导电性,为了便于进行伏安特性测试,本章将 GNPs-ZnO/ER 复合材料样品的厚度降低至 1.5 mm。

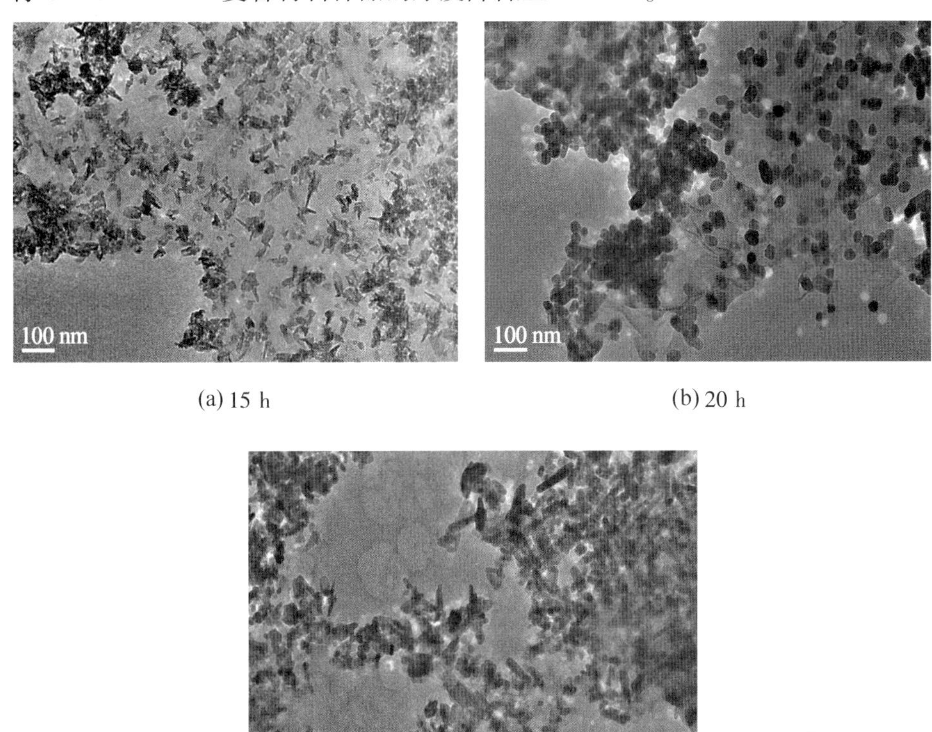

(a) 15 h　(b) 20 h

(c) 25 h

图 6-3　不同反应时间下 GNPs-ZnO 复合粉体的 TEM 表征图

图 6-4　GNPs-ZnO/ER 复合材料样品

在限定 GNPs-ZnO/ER 复合材料中填料质量分数为 25%的基础上,通过调整 GO 与 $Zn(AC)_2 \cdot 2H_2O$ 的质量比(1∶20、1∶10、1∶8、1∶6.67、1∶5),对 GNPs-ZnO/ER 复合材料的非线性导电行为进行研究分析。需要指出的是,在 GNPs-ZnO/ER 复合材料的制备过程中发现,随着 GO 与 $Zn(AC)_2 \cdot 2H_2O$ 的质量比的增加,GNPs-ZnO 粉体的颜色逐渐由灰白色变为灰黑色,其蓬松程度也有明显提高,可以在一定程度上表明 ZnO 对 GNPs 包覆程度的降低,也可表明 GNPs 的密度与填料粉体的密度和比表面积关联性较大。

6.3 石墨烯-氧化锌及其环氧树脂复合材料的表征与分析

为了能够准确观察 GNPs-ZnO 填料制备方法各个步骤中生成物的表面形貌和微观结构,本节选用 SEM、EDS、TEM、FTIR、Raman、XRD 和 XPS 等技术手段,重点对 GNPs-ZnO 粉体的表面形貌、片层结构、表面基团和晶体结构进行表征和分析,为后续研究分析 GNPs-ZnO 填料及其环氧树脂复合材料的伏安特性打下基础。

6.3.1 GNPs-ZnO 及其环氧树脂复合材料断面的 SEM 和 EDS 表征与分析

图 6-5 为 GNPs-ZnO 粉体的 SEM 微观图像,其中图 6-5(a)、(b)、(c)为不同 GO 和 $Zn(AC)_2 \cdot 2H_2O$ 质量比的复合粉体样品在 50.00 K 放大倍数的微观图像,图 6-5(d)为 GO 和 $Zn(AC)_2 \cdot 2H_2O$ 质量比为 1:10 的复合粉体样品在 150.00 K 放大倍数的微观图像。从图中可以看出,本章制备的 GNPs-ZnO 微片比表面积大、缺陷和堆叠少,具有较为良好的表面形貌和片层结构,而且 ZnO 纳米粒子的尺寸和形状基本一致,虽然有少量的团聚,但整体上还是较为均匀地分布在石墨烯微片上,起到了良好的包覆作用,达到了作为本章可重复非线性导电复合材料填料的要求。通过对比图 6-5(a)、(b)、(c),可以发现随着石墨烯在粉体中所占比例的增加,ZnO 的团聚现象和包覆面积也随之下降,从最初的“ZnO 过包覆和少量团聚”逐渐变为“石墨烯被包覆不足和少量团聚”。如图 6-5(d)所示,当 GO 和 $Zn(AC)_2 \cdot 2H_2O$ 质量比为 1:10 时,ZnO 对石墨烯的包覆效果最均匀,GNPs-ZnO 复合粒子团聚、缺陷少,具有较好的微观结构和片层形貌。

图 6-6 为 GNPs-ZnO 粉体的 EDS 测试图,从图中可以明显地发现,被测样品主要包含锌元素、碳元素和氧元素,而且锌元素的含量很高,可以在一定程度上表明均匀包覆在石墨烯片层上的粒子很可能就是 ZnO 纳米粒子,且包覆效果较好。

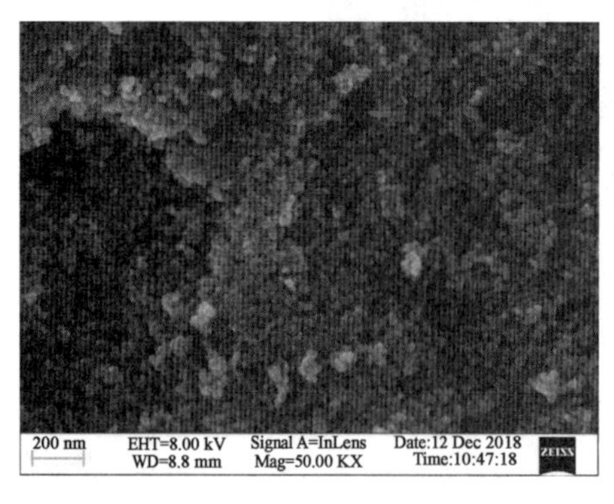

(a) 1:20

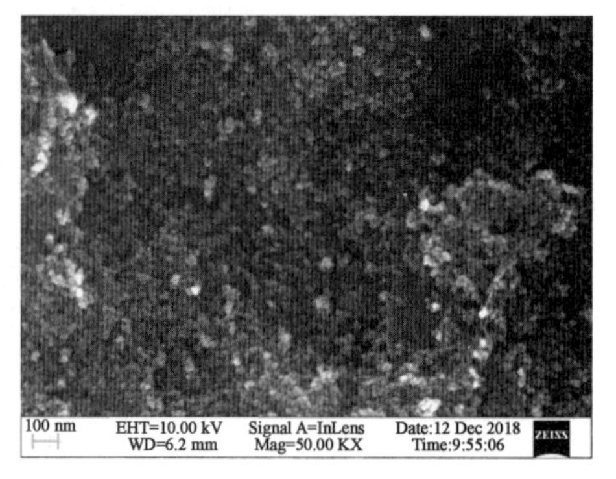

(b) 1:10

图 6-5 不同 GO 和 $Zn(AC)_2 \cdot 2H_2O$ 质量比的 GNPs-ZnO 复合粉体的 SEM 表征图

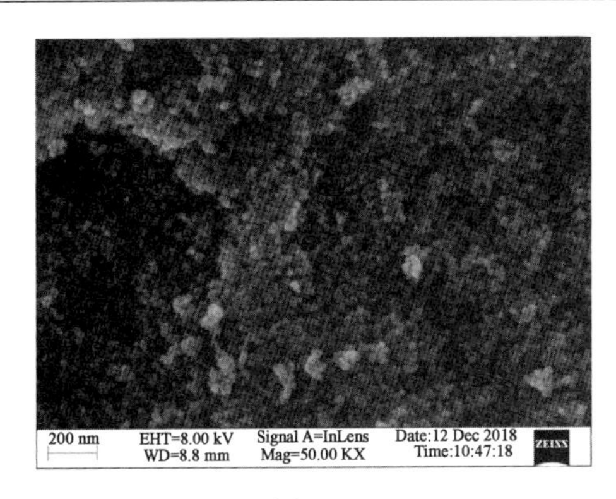

(a) 1:5

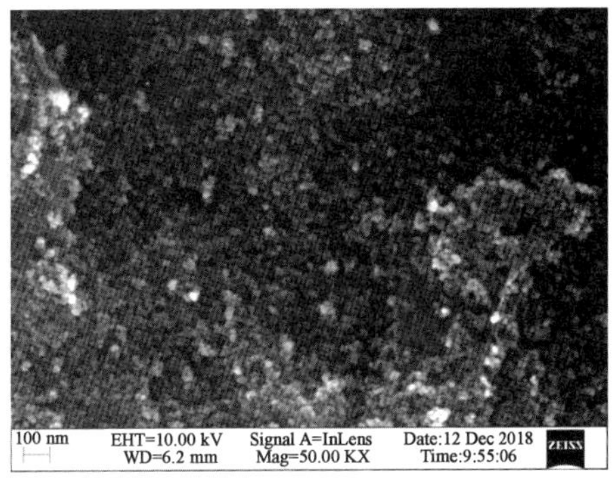

(b) 1:10 高分辨率

图 6-5(续)

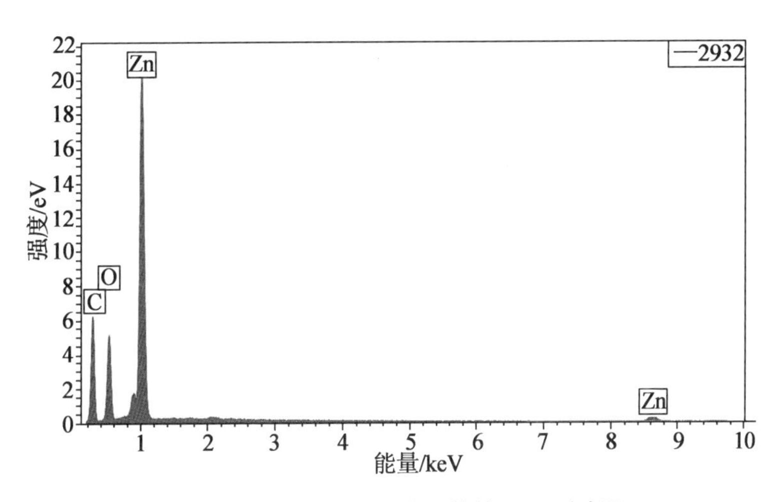

图 6-6　GNPs-ZnO 复合粉体的 EDS 测试图

图 6-7 中展示了 GNPs-ZnO/ER 复合材料断面的 SEM 表征图。从图中可以明显地看出,GNPs-ZnO 纳米粒子能够较为均匀地分布在环氧树脂基体中,两者间的分界面并不明显,说明由于具有较好的片层结构和表面形貌,GNPs-ZnO 纳米粒子能够在环氧树脂基体中拥有较好的分散性和兼容性。

6.3.2　GNPs-ZnO 的 TEM 表征与分析

图 6-8 为 GNPs-ZnO 粉体的 TEM 微观图像,其中图 6-8(a)、(b)、(c)为不同 GO 和 $Zn(AC)_2 \cdot 2H_2O$ 质量比的样品在较低放大倍数下的微观图像,图 6-8(d)为 GO 和 $Zn(AC)_2 \cdot 2H_2O$ 质量比为 1:10 的样品在较高放大倍数下的微观图像。可以发现,TEM 的表征结果与 SEM 基本一致,所制备的 GNPs-ZnO 复合粒子具有比表面积大、缺陷和堆叠少的良好表面形貌和片层结构,且分布在 GNPs 片层上的 ZnO 纳米粒子的尺寸和形状基本一致。同时由于 GO 表面的含氧基团(Zn^{2+}与其连接位点)主要分布在片层边缘,ZnO 粒子会在 GNPs 片层边缘发生不可避免的轻微集中和团聚,但整体上还是较为均匀地分布在 GNPs 片层上,而且在片层外没有发现任何 ZnO 粒子,可以认为 ZnO 粒子通过本章设

计的一步溶剂热法能够较为均匀和强力地包覆在 GNPs 片层表面,达到了预期的包覆效果。最后通过将图 6-8(a)、(b)、(c)进行对比,可以发现随着石墨烯在粉体中所占比例的增加,ZnO 的团聚现象和包覆面积也随之下降,从最初的“ZnO 过包覆和少量团聚”逐渐变为“石墨烯被包覆不足和少量团聚”。如图 6-8(d)所示,当 GO 和 $Zn(AC)_2 \cdot 2H_2O$ 质量比为 1∶10 时,ZnO 对石墨烯的包覆效果最均匀,GNPs-ZnO 复合粒子团聚、缺陷少,具有最好的微观结构和片层形貌,这也与图 6-5 显示的情况一致。

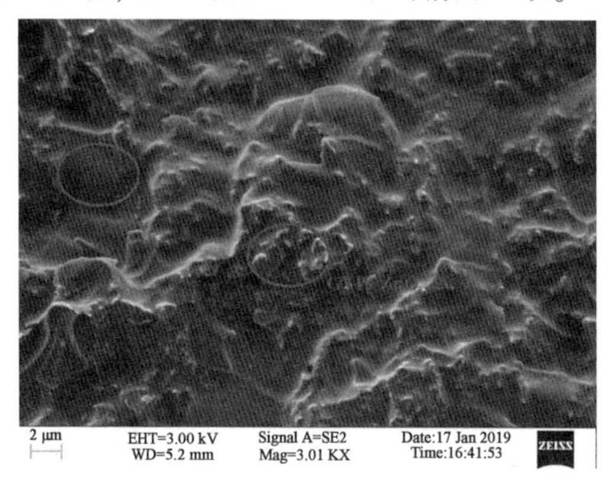

图 6-7　GNPs-ZnO/ER 复合材料断面的 SEM 表征图

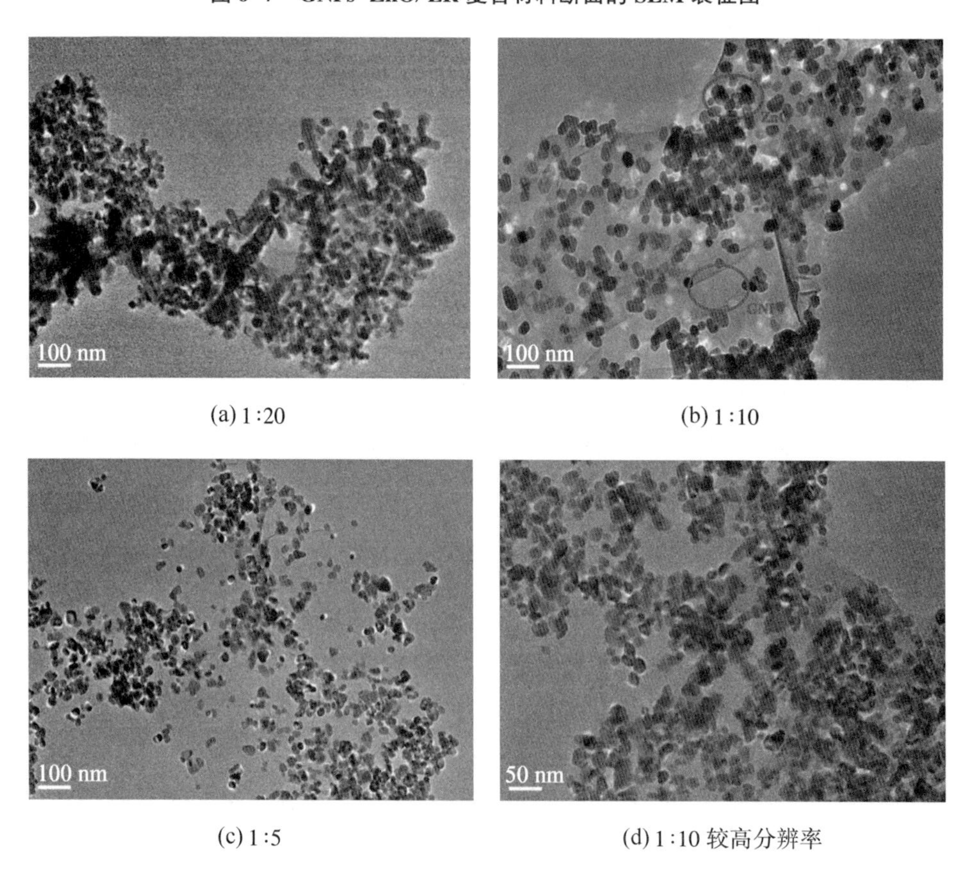

(a) 1∶20　(b) 1∶10

(c) 1∶5　(d) 1∶10 较高分辨率

图 6-8　GNPs-ZnO 粉体的 TEM 微观图像

6.3.3　GNPs-ZnO 的 FTIR 表征与分析

为了使得填料 GNPs-ZnO 粉体同时具有较高的导电性和可重复性,在制备过程中水合肼溶液的还原效果和 ZnO 纳米粒子的包覆效果至关重要,需要在 ZnO 纳米粒子成功包覆在石墨烯表面后,利用水合肼的还原作用将 GO 表面上丰富的含氧基团尽可能去除,使得 GO 表面的 sp^3 杂化结构转化为 sp^2 杂化结构,大幅度提高 GNPs-ZnO 的导电性。从图 6-9 的 FTIR 测试图中可以看到,对比 GO 的测试曲线,GNPs-ZnO 测试曲线上的各个峰值有了非常明显的减小,表明在 GNPs-ZnO 的制备过程中, GO 表面大量的含氧基团被水合肼和 180 ℃高温环境的强还原作用成功地去除,其导电性在理论上得到了大幅度的提高。

同时对比 RGO 和 GNPs-ZnO 的测试曲线,可以发现 GNPs-ZnO 曲线的峰是强于 RGO 曲线的,尤其是位于 3 440 cm^{-1} 的 O-H 伸缩峰、1 630 cm^{-1} 的 C═O 伸缩峰和 1 050 cm^{-1} 的 C═O 伸缩峰,表面由于带正电的 Zn^{2+} 和 GO 表面带负电的含氧基团之间的相互吸附作用,使得部分含氧基团在还原过程中被保存下来成为 ZnO 粒子的附着点。特别指出的是,位于 420 cm^{-1} 处的 Zn—O 伸缩峰非常明显,再次证明包覆在石墨烯微片上的就是 ZnO 纳米粒子。

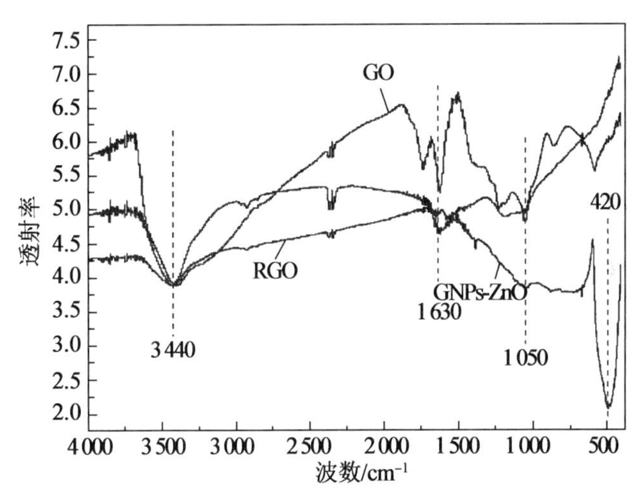

图 6-9　GO、RGO 和 GNPs-ZnO 复合粉体的 FTIR 测试图

6.3.4　GNPs-ZnO 的 Raman 光谱表征与分析

为了更好地说明 GNPs-ZnO 复合粒子的结构特征,图 6-10 展示了其 Raman 光谱测试图。由图中可知,GO、RGO 和 GNPs-ZnO 的 D 峰分别位于 1 344. 61 cm^{-1}、1 345. 06 cm^{-1} 和 1 345. 94 cm^{-1},G 峰分别位于 1 590. 35 cm^{-1}、1 583. 15 cm^{-1} 和 1 584. 84 cm^{-1},I_D/I_G 的值分别为 1. 017、1. 518、1. 317。通过比较发现,与 GO 相比,GNPs-ZnO 的 G 峰发生了一定程度的红移,表明在 GNPs-ZnO 中 GNPs 和 ZnO 均发生了强烈的相互作用。同时,GNPs-ZnO 的 I_D/I_G 值在 GO 和 RGO 之间,表明 GNPs-ZnO 的制备过程中的 ZnO 的引入和还原反应在 GNPs 表面引入了更多的缺陷,但同时 ZnO 能够一定程度上弥补 GO 还原后表面上存在的缺陷,使其表面结构的完整度要高于 RGO。

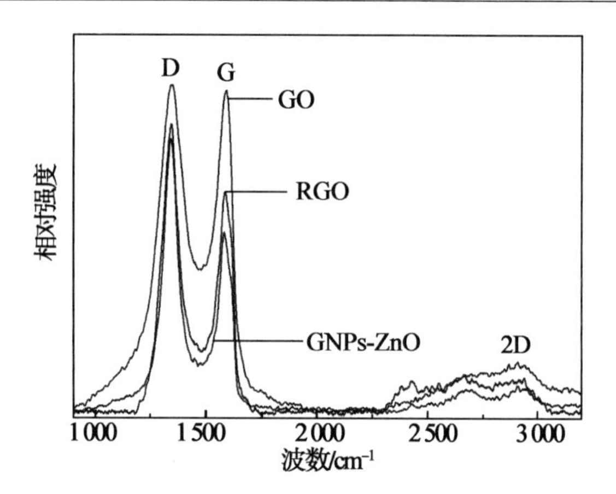

图 6-10　GO、RGO 和 GNPs-ZnO 粉体的 Raman 光谱测试图

6.3.5　GNPs-ZnO 的 XRD 表征与分析

图 6-11 为 GNPs-ZnO 复合粉体的 XRD 测试图，经过与标准比对卡（JCPDS No. 36-1451）的比对分析，GNPs-ZnO 复合粉体在 31.6°、34.2°、36.1°、47.3°、56.5°、62.8°、66.3°、67.8°和 69.0°的衍射峰分别与 ZnO 的晶面峰（100）、（002）、（101）、（110）、（102）、（103）、（200）、（112）和（201）相对应，通过与前文中 GO 和 RGO 的 XRD 图相比较，图 6-11 中几乎看不到任何 GO 或者 RGO 的衍射峰，表明所制备的 ZnO 纳米粒子不仅具有良好的六方纤锌矿结构，并且成功地对石墨烯的表面进行了包覆。

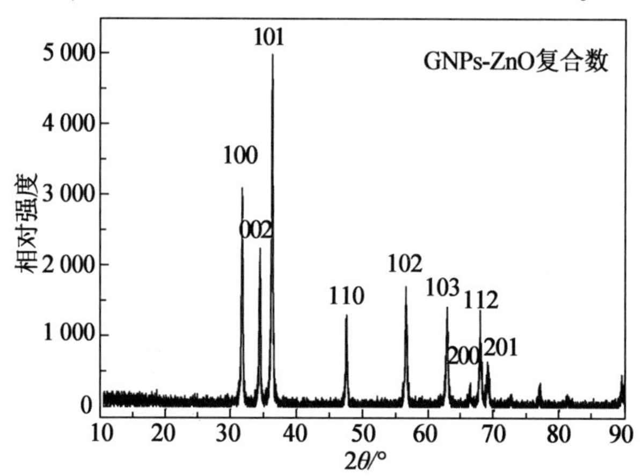

图 6-11　GNPs-ZnO 复合粉体的 XRD 测试图

6.3.6　GNPs-ZnO 的 XPS 表征与分析

图 6-12 是 GNPs-ZnO 复合粉体的 XPS 测试谱图。其中图 6-12(a)为 GNPs-ZnO 复合粉体的全谱图，从中可以找到若干元素的特征能谱峰，包括最重要的 C 1s（287.9 eV）、Zn $2p_{3/2}$（1 026.8 eV）、Zn $2p_{1/2}$（1 041.1 eV）和 O 1s（539.2 eV）等。图 6-12(b)为位于 C 1s 特征峰的高分辨率能谱图（281～290 eV），可以看出 C—C/C═C 键（284.8 eV）的特征峰明显高于 C—O/C—OH 键（286.7 eV）和 O═C—O 键（289.0 eV）的特征峰，表明

GO 表面绝大多数的含氧基团已经在 GNPs-ZnO 复合粉体的制备过程中去除,这与前文 FTIR 和 Raman 光谱的表征结果一致。特别地,位于 283.4 eV 的代表 GNPs 和 ZnO 之间相互作用的 RGO-ZnO 键非常强,表明 ZnO 确实已经成功且强力地包覆在了 GNPs 表面,这与前文 SEM 和 TEM 的表征结果一致。

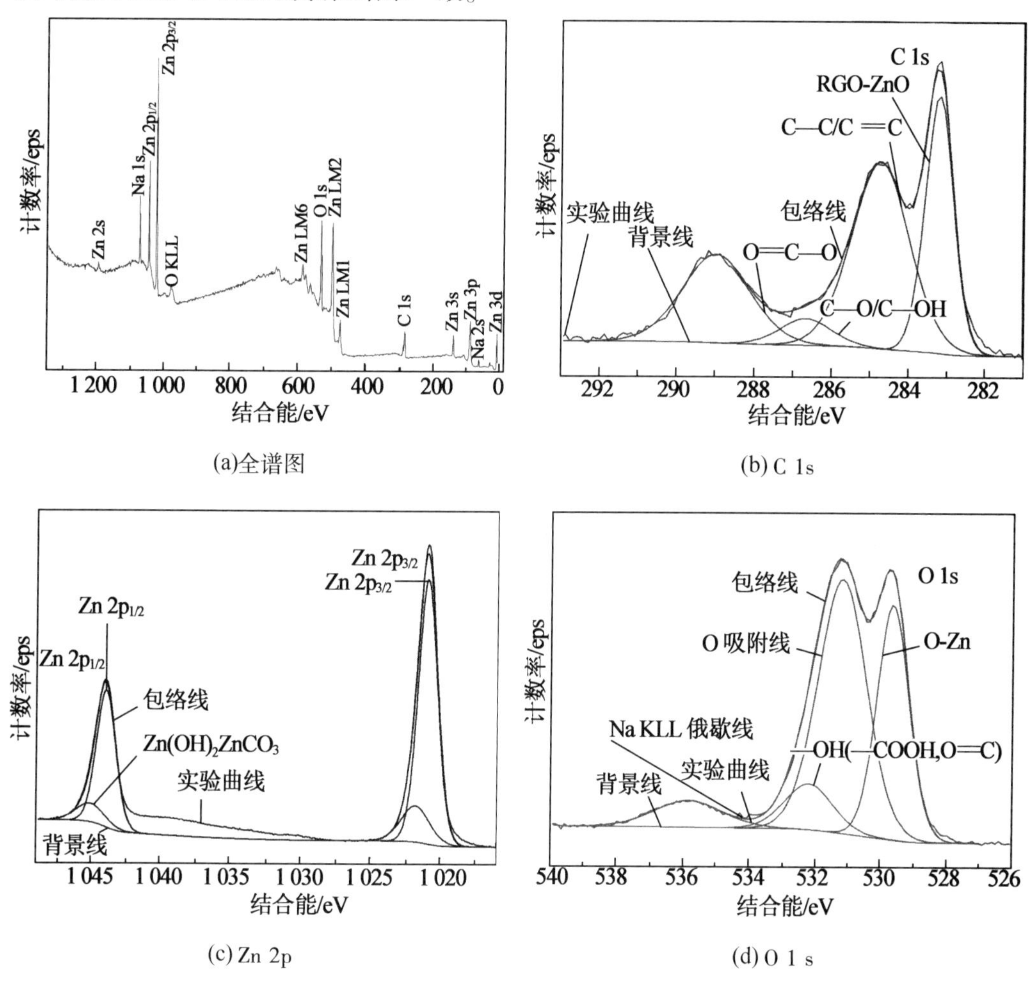

(a)全谱图　(b) C 1s

(c) Zn 2p　(d) O 1 s

图 6-12　GNPs-ZnO 复合粉体的 XPS 测试图

图 6-12(c)为 Zn 2p 特征峰的高分辨率能谱图(1 015~1 050 eV),包括位于 1 021.0 eV 的 Zn $2p_{3/2}$ 和位于 1 044.0 eV 的 Zn $2p_{1/2}$。图 6-12(d)为 O 1s 特征峰的高分辨率能谱图(525~545 eV),包括了环氧基、羧基和羟基等含氧基团中氧元素的特征峰,其中位于 529.7 eV 的 Zn-O 键特征峰非常明显,表明本章制备的 ZnO 纳米粒子结晶良好,与前文中 XRD 的表征结果一致。

为了提高石墨烯填料的导电性和可重复性,实现其环氧树脂复合材料的可重复非线性导电特性,本章选择半导体金属氧化物材料——氧化锌作为石墨烯的改性剂,设计步骤简单且效果良好的一步溶剂热法,成功将晶型良好的氧化锌包覆在石墨烯表面得到氧化锌包覆石墨烯纳米微片(GNPs-ZnO)。

在制备过程中,溶液中带正电的 Zn^{2+} 被 GO 上带负电的含氧基团所吸引,随着反应体系 pH 值的增大,Zn^{2+}与 OH^-结合生成 $Zn(OH)_2$ 继续吸附在 GO 表面,并在还原过程中对 GO 表面的部分含氧基团起到了保护作用;随着反应温度逐渐升高至 180 ℃,$Zn(OH)_2$ 热解生成 ZnO 粒子并成功包覆在石墨烯片层表面,得到 GNPs-ZnO 复合粉体。

根据上述 SEM、EDS、TEM、FTIR、Raman、XRD 和 XPS 的表征结果和分析表明,本章制备的 GNPs-ZnO 比表面积大、缺陷堆叠少,具有良好的表面形貌和片层结构,且表面的纳米粒子确定为具有良好六方纤锌矿结构的 ZnO 纳米粒子,其大小尺寸基本一致并较为均匀和强力地包覆在石墨烯片层表面,达到了作为可重复非线性导电复合材料填料的要求,为其环氧树脂复合材料的可重复非线性导电特性打下了基础。通过比较具有不同成分的 GNPs-ZnO 复合粉体发现,GNPs-ZnO 的微观结构和表面形貌与 GO 和 $Zn(AC)_2 \cdot 2H_2O$ 质量比的直接相关,当 GO 和 $Zn(AC)_2 \cdot 2H_2O$ 质量比为 1:10 时,ZnO 粒子对石墨烯的包覆效果最均匀,GNPs-ZnO 复合粒子团聚、缺陷少,具有最好的微观结构和片层形貌。为了进一步分析研究 GNPs-ZnO 粉体在可重复非线性导电复合材料中的实际特性与应用价值,下面将对其环氧树脂复合材料进行非线性导电行为测试。

6.4 石墨烯-氧化锌/环氧树脂复合材料的场致导电性能测试与分析

6.4.1 GNPs-ZnO 复合材料的伏安特性测试结果

为了进一步研究本章所制备的 GNPs-ZnO 复合粒子的实际特性,分析 GNPs-ZnO 复合粒子在非线性导电复合材料中的应用价值,在总结 GNPs-ZnO 复合粒子多种表征结果的基础上,限定 GNPs-ZnO 填料在复合材料中的质量分数为 25%,然后根据 GO 与 $Zn(AC)_2 \cdot 2H_2O$ 质量比的区分制备了 5 组不同的测试样品(1:20、1:10、1:8、1:6.67、1:5),分别使用 Keithley 2600-PCT-4B 半导体参数分析仪对这 5 组复合材料样品在相同的条件下进行了 20 次伏安特性测试,并与第 2 章中的 RKGO/ER 复合材料的伏安特性测试曲线进行对比,其结果如图 6-13 所示。

特别指出的是,与第 2 章中的改性石墨烯/环氧树脂复合材料一样,随着导电填料(GNPs-ZnO)的填充质量分数的不断增大,溶液共混法制备过程中混合体系最终会因黏度过大而无法搅拌和成型,经过多次实验发现,GNPs-ZnO/ER 复合材料的最大填料质量分数应小于 30%,其数值远大于 GNPs/ER 和 GNPs-CNTs/ER 复合材料。从而可以得出结论,由于溶剂热反应中高温高压对 GNPs 片层的还原和破坏作用以及 ZnO 纳米粒子对 GNPs 的包覆作用,GNPs-ZnO 复合粒子的比表面积比 KRGO、RKGO 和 GNPs-CNTs 复合粒子要小很多,与前文的 GNPs-ZnO 复合粒子的表征结果相一致。

由图 6-13(a)的测试结果可知,GO 与 $Zn(AC)_2 \cdot 2H_2O$ 质量比为 1:6.67、1:8和 1:10 的 GNPs-ZnO/ER 复合材料均在低电压区表现为高阻欧姆效应,导致测试电流非常小,为断路状态;随着外部电压的提高,在到达阈值电压时,3 种不同质量比的测试样品都出现了非欧姆效应,其电阻在瞬间发生了显著下降,导致测试电流有了明显的增长。由此可以看出，GNPs-ZnO/ER 纳米粒子所制备复合材料在拥有合适的 GO 与 $Zn(AC)_2 \cdot 2H_2O$ 质量比时表现出了非常明显的场致开关特性，且随着 GO 与 $Zn(AC)_2 \cdot 2H_2O$ 质量比的增大，复合材料的相变阈值电压发生了明显的下降。

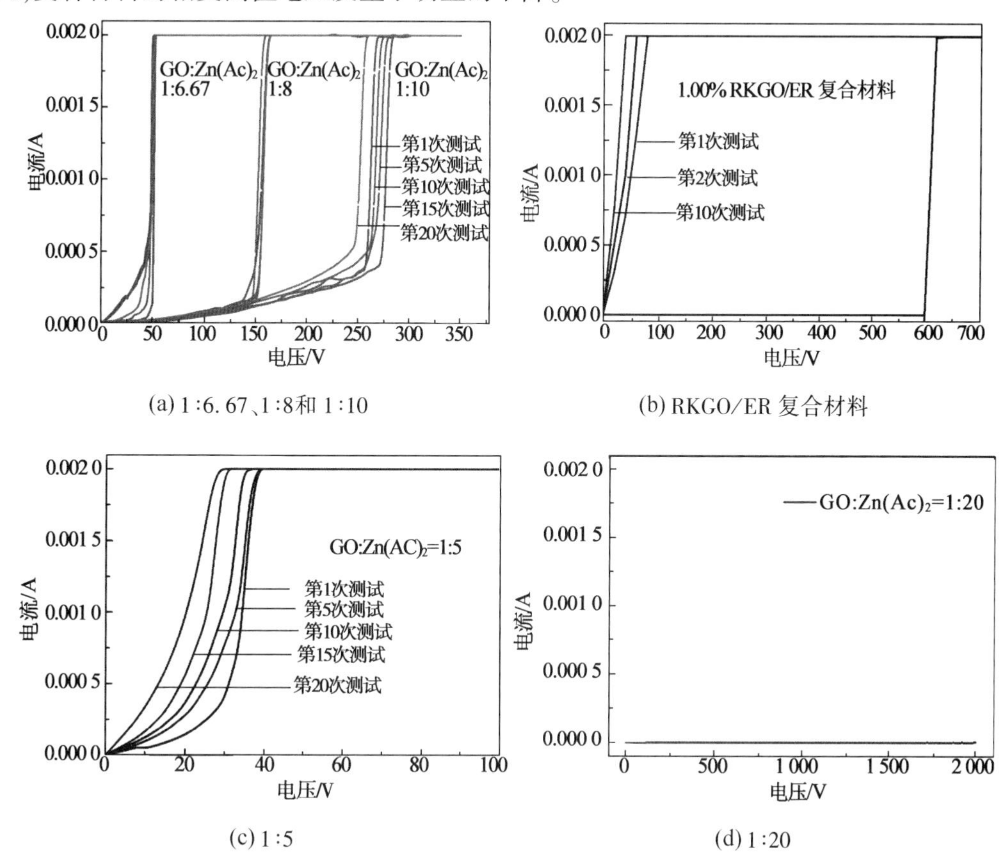

(a) 1∶6.67、1∶8和 1∶10　　(b) RKGO/ER 复合材料

(c) 1∶5　　(d) 1∶20

图 6-13　不同 GO 与 $Zn(AC)_2 \cdot 2H_2O$ 质量比的 GNPs-ZnO/ER 和 RKGO/ER 的伏安特性测试图

相较于图 6-13(b) 中 RKGO/ER 复合材料的伏安特性测试曲线，3 种不同的 GNPs-ZnO/ER 复合材料不仅能够表现出明显的非线性导电行为，而且在经历多达 20 次重复伏安特性测试后，都能依旧保持良好的非线性导电特性和一致的开关场强阈值，具有良好的可重复性；相反 RKGO/ER 复合材料则变为低值电阻，重复性不足。

图 6-13(c) 为 GO 与 $Zn(AC)_2 \cdot 2H_2O$ 质量比为 1∶5的复合材料样品的伏安特性测试曲线，可以发现虽然该样品也具有明显的非线性导电行为和一定的可重复性，但在经历多次伏安特性测试后，其重复性出现了明显的减弱甚至完全消失，与预期效果出现偏差；相反地，在图 6-13(d) 中，GO 与 $Zn(AC)_2 \cdot 2H_2O$ 质量比为 1∶20 的复合材料样品则完全没有出现非线性导电行为，与图 6-13(a) 中样品的良好场致开关效应相差很远。

对比图 6-13 的 4 幅伏安特性测试图，可以看出 GNPs-ZnO 纳米粒子所制备复合材料在拥有合适的 GO 与 $Zn(AC)_2 \cdot 2H_2O$ 质量比（1∶6.67、1∶8和 1∶10）时即便在多次测试下也能表现出非常明显的场致开关特性和良好的可重复性，相对于尽可单次或少次相变的 RKGO/ER 复合材料取得了明显改善，而且可以根据 GO 与 $Zn(AC)_2 \cdot 2H_2O$ 质量比的不同来调整 GNPs-ZnO/ER 复合材料的相变阈值电压；相反地，在 GO 与 $Zn(AC)_2 \cdot 2H_2O$ 的质量比过高或过低时，复合材料样品会出现可相变但可重复性差或者无非线性导电行为的情况。说明由于 GO 与 $Zn(AC)_2 \cdot 2H_2O$ 质量比的不同，会对 GNPs-ZnO 纳米粒子及其复合材料的伏安特性带来巨大影响，需要对其相变机理和非线性导电特性进行更为细致和定量分析。

6.4.2 GNPs-ZnO 复合材料的场致导电性能分析

根据前文的非线性导电系数计算公式，不同 GO 与 $Zn(AC)_2 \cdot 2H_2O$ 质量比（1∶6.67、1∶8和 1∶10）下 3 种样品在阈值电压前后的非线性系数 X 分别见表 6-3 和表 6-4。

表 6-3 不同 GO 与 $Zn(AC)_2 \cdot 2H_2O$ 质量比的 GNPs-ZnO/ER 复合材料的非线性系数

质量比	相变前	相变后
1∶10	2.99	86.74
1∶8	1.92	31.54
1∶6.67	1.34	22.01

表 6-4 不同 GO 与 $Zn(AC)_2 \cdot 2H_2O$ 质量比的 GNPs-ZnO/ER 复合材料的相变电压与方差

质量比	阈值电压/V	Δ/%
1∶10	267.50±12.50	4.67
1∶8	158.00±2.00	1.27
1∶6.67	51.00±1.00	1.96

通过表 6-3 的量化数据可以看出，随着外部电压的增加，3 种具有不同 GO 与 $Zn(AC)_2 \cdot 2H_2O$ 质量比（1∶6.67、1∶8和 1∶10）的复合材料样品在相变前后的非线性系数相比都发生了非常明显的变化。在发生相变前，3 种复合材料样品均处于欧姆效应下的高电阻状态，非线性系数非常小（1.34～2.99）；当外部电压到达样品的阈值电压后，3 种复合材料样品的电阻都剧烈减小，非线性系数瞬间增大（22.01～86.74），展现了良好的非线性导电特性。同时结合图 6-13（a）、（c）和（d），随着 GO 与 $Zn(AC)_2 \cdot 2H_2O$ 质量比的提高，石墨烯在 GNPs-ZnO 填料中所占的比例增大，ZnO 纳米粒子的包覆效果降低，使得 GNPs-ZnO/ER 复合材料样品内部石墨烯之间的直接接触概率增加，更易形成导电通路，导致复合材料的初始电阻降低，使得复合材料的相变阈值电压随之降低，能够在更低的外部电压下发生相变，不过初始电阻的降低也相应地降低了样品相变前后非线性系数的变化幅度，使得相变后的非线性系数缓慢减小；但是当 GO 与 $Zn(AC)_2 \cdot 2H_2O$ 质量比过大时，由于 ZnO 在填料中的比例太小，无法起到对石墨烯片层的包覆效果，会导致复合材料样品虽然具有非线性导电行为，但可重复性较差；相反地，当 GO 与 $Zn(AC)_2 \cdot 2H_2O$ 质量比过小时，由于石墨烯片层在填料中的比例过小，会导致 GNPs-ZnO 填料的导电性很差，

最终导致复合材料样品不具备相变能力。

结合表 6-4 的量化数据和图 6-13(a),在相同的填料质量分数的前提下,随着 GO 与 $Zn(AC)_2 \cdot 2H_2O$ 质量比的提高,GNPs-ZnO 复合填料的导电性逐渐增加,导致复合材料样品的初始电阻逐渐下降,发生相变的阈值电压随之减小。同时在复合材料样品中 GNPs-ZnO 填料之间存在非常薄的绝缘环氧树脂基体,在伏安特性测试开始时,当外部电压到达阈值电压时,它们会由于焦耳热效应转变为导电通路,导致样品电阻发生剧烈变化,使得样品在多次伏安特性测试时的阈值电压其曲线出现微小的偏差。从表 6-4 可以看出,不同 GO 与 $Zn(AC)_2 \cdot 2H_2O$ 质量比的复合材料样品其阈值电压的偏差范围大小不一,其中 1∶8质量比的样品具有最小的阈值电压偏差范围,其可重复性具有更好的稳定性。

综上所述,GNPs-ZnO 填料中 GO 与 $Zn(AC)_2 \cdot 2H_2O$ 的质量比是影响 GNPs-ZnO/ER 复合材料伏安特性的重要影响因素,选择合适的 GO 与 $Zn(AC)_2 \cdot 2H_2O$ 质量比能够使复合材料样品在表现出明显非线性导电行为的同时具有良好的可重复性。经过对多样品多批次的伏安特性测试,当 GO 与 $Zn(AC)_2 \cdot 2H_2O$ 的质量比为 1∶8时,复合材料样品拥有较大的非线性导电系数和最稳定的可重复性,其特性能够更好地满足武器装备电磁防护的实际需要。

6.5　石墨烯-氧化锌/环氧树脂复合材料的场致导电机理分析

本节以聚合物基填充型复合材料和金属氧化物半导体非线性导电机制的相关理论为基础,结合本章复合材料样品的表征和伏安特性测试结果,对 GNPs-ZnO/ER 复合材料的可重复非线性导电机理进行了讨论和分析,为可重复非线性导电行为形成机理的分析研究及其性能的后续改进提供了理论依据。

由 GNPs-ZnO 纳米复合粒子的表征结果可知,ZnO 纳米粒子良好地包覆在了 GNPs 表面,并与 GNPs 发生了较为强力的连接,所以 GNPs 和 ZnO 形成了等势模型,使得 GNPs 上处于费米能级的自由电子能够在外加电压的作用下跃迁到 ZnO 粒子上,然后跃迁到 ZnO 粒子上的自由电子可以直接传递到与之相接触的 ZnO 粒子,或者穿过相邻 ZnO 粒子间足够薄的环氧树脂层(<10 nm)传递到相邻的 ZnO 粒子。由此可知,GNPs-ZnO/ER 复合材料中的导电通路主要由 GNPs-ZnO 异质结和 ZnO-ER-ZnO 单元 2 部分构成。

GNPs-ZnO/ER 复合材料是指将 ZnO 纳米粒子包覆在改性后的石墨烯纳米微片并掺杂于环氧树脂基体所制备的聚合物基填充型复合材料。如图 6-14 所示,GNPs-ZnO/ER 复合材料中的基本结构单元模型包括 GNPs-ZnO-ZnO-GNPs 单元和 GNPs-ZnO-ER-ZnO-GNPs 单元 2 种。其中前者是指复合材料中的 GNPs-ZnO 复合粒子之间发生直接接触,因为 ZnO 纳米粒子的能带宽度远大于 GNPs 的能带宽度,所以在 GNPs 与 ZnO 的界面上形成了类似“导体-半导体”异质结中的肖特基势垒结构,虽然在复合材料内部形成了局部的导电网络,但由于 ZnO 对 GNPs 的良好包覆所产生的广泛的肖特基势垒,导致此类单元在常态下仍然保持着高阻绝缘特性,而且允许在外界电压的作用下发生量子隧道效应和电子跃迁，使得电子能够实现 GNPs 与 ZnO 间的转移；而 GNPs-ZnO-ER-ZnO-GNPs 单元是指在相邻的 GNPs-ZnO 复合粒子之间隔有一层非常薄的环氧树脂基体（<10 nm），形成了类似于“半导体-绝缘体-半导体”的对称双肖特基势垒，电子无法在 GNPs-ZnO 复合粒子之间直接传递，又因为半导体 ZnO 粒子在常态下的高阻特性，所以此类单元需要在更强的外部场强下激发电子，实现电子在 GNPs-ZnO 复合粒子之间矩形势垒的转移，从而大幅度提高了复合材料的电导率。

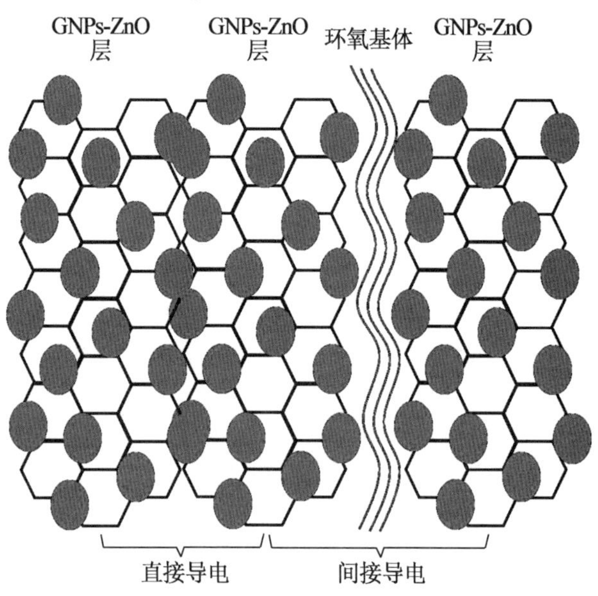

图 6-14　GNPs-ZnO/ER 复合材料微观模型图

通过分析总结肖特基势垒的相关研究资料，可以发现拥有不同能量的电子在穿越势垒时的方法是不同的：低能级电子通过量子隧道效应产生隧道电流 I_t，高能级电子通过电子跃迁产生跃迁电流 I_h，所以总电流 I 表达式为

$$I_t=\alpha(V+\beta V^3) \tag{6-1}$$

$$I_h=\frac{V}{R_0}\exp\left(\frac{eV}{k_0T}\right) \tag{6-2}$$

$$I=I_t+I_h=\alpha V+\alpha\beta V^3+\frac{1}{R_0}V\cdot\exp\left(\frac{eV}{k_0T}\right) \tag{6-3}$$

式中，α 和 β 为常数；V 为外加电压。由式（6-3）可知，在外加电压较低时，GNPs-ZnO/ER 复合材料内的总电流 I 很小，复合材料宏观表现为绝缘体；随着外加电压增大到接近某一阈值时，因为 GNPs-ZnO/ER 复合材料内的量子隧道效应和电子跃迁效应增大，总电流 I 会发生突变，复合材料在短时间内转变为导体，即在宏观上发生了非线性导电行为。由此可知，GNPs-ZnO/ER 复合材料内两种结构单元（GNPs-ZnO-ZnO-GNPs 异质结和 ZnO-ER-ZnO 单元）的双肖特基势垒所产生的量子隧道效应和电子跃迁效应是非线性导电行为或开关行为产生的主要原因。

GNPs-ZnO/ER 复合材料在外部高场强下的内部电子传递对称示意图如图 6-15 所示，当复合材料中 GNPs-ZnO 复合粒子的填充质量分数达到合适的数值时，有效导电通路的形成与外部高场强下微薄环氧树脂基体的势垒隧道效应和电子跃迁效应两者的共同作用,使得电子能够在 GNPs-ZnO 复合粒子之间实现传递和跃迁。并且通过与第 2 章和第 3 章中纯碳系填料相比,由于半导体 ZnO 粒子的特殊导电特性,即便微薄环氧树脂绝缘层在高压焦耳热作用下发生不可逆的相变后,当外部场强下降后包覆在 GNPs 表面的 ZnO 粒子能够继续阻断电子的传递,使得复合材料能够恢复为高阻绝缘状态,从而使得 GNPs-ZnO/ER 复合材料不仅具有明显的非线性导电特性,还具有良好的可重复性。

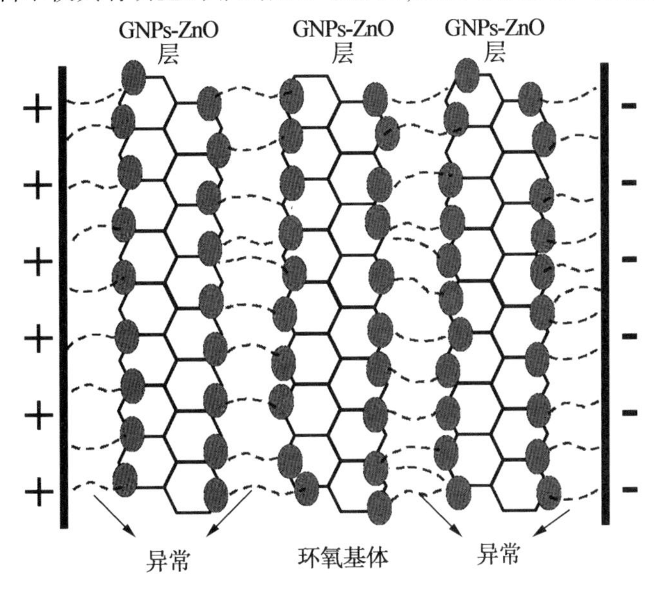

图 6-15　高场强下 GNPs-ZnO/ER 复合材料电子传递示意图

综上所述,GNPs-ZnO/ER 复合材料在合适的填料填充浓度和外部场强下能表现出良好的可重复非线性导电行为,其非线性导电机理是导电通道理论和量子隧道效应理论的综合作用,主要受到填料特性、填充浓度和外界电压等因素的综合影响,有效解决了纯 GNPs/ER 和 GNPs-CNTs/ER 非线性导电复合材料可重复性不足的问题。但由于非线性导电行为的可重复性需要 ZnO 对 GNPs 进行大面积的均匀包覆,而 GNPs 本身由于其巨大的比表面积和表面势能导致其非常容易出现团聚和堆叠,使得 GNPs-ZnO 复合粒子的初始导电性较差,导致 GNPs-ZnO/ER 复合材料的填充质量分数需求很高,增加了其制备成本和周期,为 GNPs-ZnO/ER 复合材料的实际应用造成了一定困难。

第7章　氧化锌包覆石墨烯-碳纳米管复合材料制备及性能

7.1　引　　言

针对纯 GNPs/ER 和 GNPs-CNTs/ER 复合材料场致开关效应重复性不足的问题，上一章选择 ZnO 粒子作为石墨烯的改性剂，成功制备了 GNPs-ZnO 复合粒子及其环氧树脂复合材料，多次重复实验表明 GNPs-ZnO/ER 复合材料在表现出明显场致相变特性的同时，兼备了良好的可重复性。但是由于石墨烯超大的比表面积使其片层容易发生团聚，再加上 ZnO 纳米粒子的包覆阻碍了石墨烯片层之间的搭接，导致 GNPs-ZnO 的导电性明显低于 GNPs 和 GNPs-CNTs，GNPs-ZnO/ER 复合材料所需的填料质量分数要求很高，在延长制备周期的同时也增加了制备成本，对其在实际应用中的大规模制备前景造成了一定影响。

通过前文石墨烯掺杂改性技术及其复合粒子制备技术的研究发现，碳纳米管作为石墨烯的一维掺杂改性材料，能够在改善 GNPs 微观结构的同时显著提高其复合粒子的导电性，按照这个思路，本章通过改进上一章自主设计的一步溶剂热法，尝试将碳纳米管先均匀分散于石墨烯片层中，再使用 ZnO 纳米粒子对两者进行包覆，以期制备出导电性能优异且可重复性更好的三相掺杂结构氧化锌包覆石墨烯-碳纳米管复合粒子及其环氧树脂复合材料(GNPs-CNTs-ZnO/ER)，能够有效提高聚合物基石墨烯复合材料的场致相变性能和降低填料质量分数需求，探索研究通过调整 GO 与酸化 CNTs 的质量比、(GO+酸化 CNTs)与 ZnO 的质量比，实现对 GNPs-CNTs-ZnO/ER 复合材料的非线性导电行为或开关行为的调控。

7.2　氧化锌包覆石墨烯-碳纳米管/环氧树脂复合材料的制备

7.2.1　主要试剂原料与设备仪器

本章复合材料制备方法中主要使用的实验原料与试剂见表 7-1，其中实验用水为去离子水。

GNPs-CNTs-ZnO/ER 复合材料的制备和表征所需要使用的仪器设备见表 7-2。其中超声波清洗机、电子天平、pH 值测试仪、集热式恒温加热磁力搅拌器、真空干燥箱、电热鼓风干燥箱、200 ml 聚四氟乙烯内衬反应釜、真空冷冻干燥箱、平板硫化机用于 GNPs-CNTs-ZnO 粉体及其环氧树脂复合材料样品的制备，SEM、EDS、TEM、FTIR、Raman、XRD 和 XPS 的表征功能与前文类似，这里不再赘述。

表 7-1　实验原料与化学试剂

原料试剂名称	简称	规格	用途	生产厂家
氧化石墨烯	GO	分析纯	石墨烯原料	苏州碳丰科技公司
多壁碳纳米管	MWCNTs	分析纯	碳纳米管原料	苏州碳丰科技公司
双酚 A 型环氧树脂 E-51	ER	分析纯	聚合物基体	滁州惠生电子材料公司
二水合醋酸锌	$Zn(AC)_2 \cdot 2H_2O$	分析纯	ZnO 原料	天津永大化学试剂公司
2-乙基-4-甲基咪唑	2E4MZ	分析纯	固化剂	山东西亚试剂公司
水合肼溶液(质量分数为 85%)	$H_2N_4 \cdot H_2O$	分析纯	还原剂	国药集团化学试剂公司
氢氧化钠	NaOH	分析纯	pH 值调整	天津永大化学试剂公司
浓硫酸	H_2SO_4	分析纯	酸化碳纳米管	天津永大化学试剂公司
浓硝酸	HNO_3	分析纯	酸化碳纳米管	天津永大化学试剂公司
无水乙醇	C_2H_5OH	分析纯	溶剂	天津永大化学试剂公司

表 7-2　实验仪器设备

仪器设备名称	型号	生产厂家
超声波清洗机	KH-100E	昆山禾创超声仪器有限公司
pH 值测试仪	PHS-3E	上海仪电科学仪器股份有限公司
集热式恒温加热磁力搅拌器	DF-101S	河南省予华仪器有限公司
电热鼓风干燥箱	WGL-30B	天津市泰斯特仪器有限公司
聚四氟乙烯内衬反应釜	200ml	上海秋佐科学仪器有限公司
真空冷冻干燥箱	FD-1A-50	北京博医康实验仪器有限公司
扫描电子显微镜	GeminiSEM 300	德国卡尔蔡司股份公司
能谱分析仪	Quantax 400	德国布鲁克光谱仪器有限公司
透射电子显微镜	JEOL JEM-2100	日本电子株式会社
傅里叶红外频谱分析仪	TENSOR Ⅱ	德国布鲁克光谱仪器有限公司
多晶 X 射线衍射仪	XD-6	北京普析通用仪器有限责任公司
拉曼光谱仪	LabRAM HR Evolution	日本堀场集团科学仪器事业部
X 射线光电子能谱仪	K-Alpha+	美国赛默飞世尔科技有限公司

7.2.2　GNPs-CNTs-ZnO/ER 复合材料的制备方法

在参照前文 GNPs-CNTs 和 GNPs-ZnO 复合粒子制备方法的基础上，同样采取对

MWCNTs 进行酸化处理并将 GO、酸化 CNTs 和 $Zn(AC)_2 \cdot 2H_2O$ 进行分步超声的方法,确保 3 种原料能在无水乙醇中得到良好的分散:先将一定量的 GO 粉体倒入无水乙醇中,超声分散 1 h 后,加入一定量的酸化 CNTs 粉末并继续超声分散 1 h,然后加入一定量的 $Zn(AC)_2 \cdot 2H_2O$ 粉末并继续超声分散 1 h,得到分散均匀的黑褐色溶液 A。

将 NaOH 溶液缓慢加入溶液 A 中并不停搅拌,随着反应体系 pH 值的不断升高,烧杯底部开始出现灰色沉降,表明反应体系中的 Zn^{2+}粒子已经开始和 OH^-离子发生反应,生成 $Zn(OH)_2$ 并产生沉淀。直到溶液的 pH 值稳定在 10 后,将烧杯放入磁力搅拌器中,常温搅拌 1 h 得到灰褐色的悬浮液 A。

向悬浮液 A 中加入一定质量的水合肼溶液(GO+酸化 CNTs 的总质量与 N_2H_4 的质量比为 10:8),然后将反应体系加热至 90 ℃并持续搅拌 4 h,得到灰黑色的悬浮液 B,表明 GO 和酸化 CNTs 在 90 ℃环境下已经成功被水合肼还原为 RGO 和 CNTs。接着将悬浮液 B 倒入聚四氟乙烯内衬的反应釜,拧紧旋盖后放置于加热干燥箱中,加热至 180 ℃反应 20 h。反应完毕后将自然冷却至室温的灰色悬浮液 C 从反应釜中取出并抽滤、洗涤 3 次,然后将滤饼预冷 30 min 后放入真空冷冻干燥箱,冷冻干燥 24 h 后取出,得到灰黑色的 GNPs-CNTs-ZnO 粉体。

将 0.27 g 的 GNPs-CNTs-ZnO 粉体与足量无水乙醇混合并超声分散 1 h 后,再加入 10 g 的 E-51 环氧树脂超声分散 1 h(保证 GNPs-CNTs-ZnO 填料的质量分数为 2.5%);将得到的灰黑色悬浮液放入油浴锅内,加热至 80 ℃并充分搅拌,使得 GNPs-CNTs-ZnO 粉体与环氧树脂均匀混合,并将溶剂中的无水乙醇完全去除;最后加入环氧树脂质量 4% 的固化剂 2E4MZ,在 50 ℃下搅拌 1 min 后倒入模具并抽气泡 10 min,常温放置 24 h 后于 100 ℃加热 4 h,得到固化成型的 GNPs-CNTs-ZnO/ER 复合材料。

与第 3 章相比,本章中对 MWCNTs 的酸化处理除了提高 MWCNTs 在反应体系中的分散性,更能为后续溶剂热反应中 Zn^{2+}在 MWCNTs 上的反应提高负电性含氧基团,为 ZnO 粒子的包覆提供位点,下面将未酸化 MWCNTs 和酸化 MWCNTs 所制备的 GNPs-CNTs-ZnO 复合粒子的 SEM 表征图进行比较。

图 7-1 给出了未酸化 MWCNTs 和酸化后 MWCNTs 所制备的 GNPs-CNTs-ZnO 复合粒子的 SEM 表征图。通过对比图 7-1(a)和(b)可以发现,酸化后的 MWCNTs 不仅在 GNPs-CNTs-ZnO 复合粒子中分散较为均匀,而且由于其表面含有丰富的含氧基团,使得 ZnO 能够在其表面成功地进行包覆;而未酸化的 MWCNTs 在 GNPs-CNTs-ZnO 复合粒子中发生了较为明显的团聚,而且其表面包覆上的 ZnO 粒子非常少,无法达到本章对 GNPs-CNTs-ZnO 复合粒子的微观形貌需求。另外需要注意的是,根据第 4 章中的 SEM 和 TEM 表征结果,在最佳制备条件下(溶剂为无水乙醇、反应温度为 180 ℃、反应时间为 20 h)溶剂热法所制备的 ZnO 粒子的直径约为 30 nm,为了提高 ZnO 粒子包覆效果的同时尽可能降低 MWCNTs 的团聚现象,需要 MWCNTs 拥有较大外壁直径和适中的管长,所以本章选择的 MWCNTs 的外壁直径为 30~50 nm,管长为 10~20 μm。

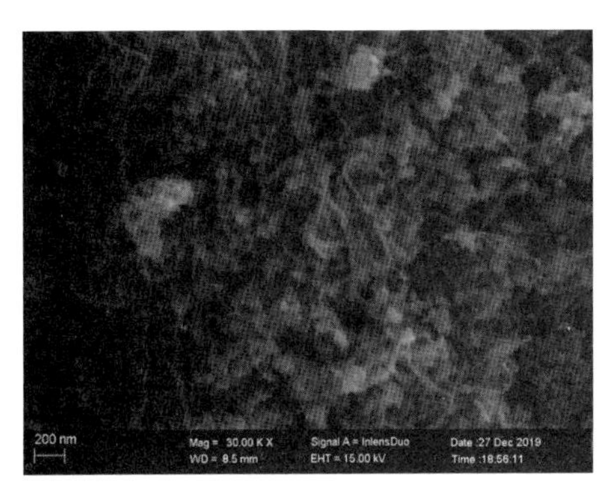

(a)酸化 MWCNTs

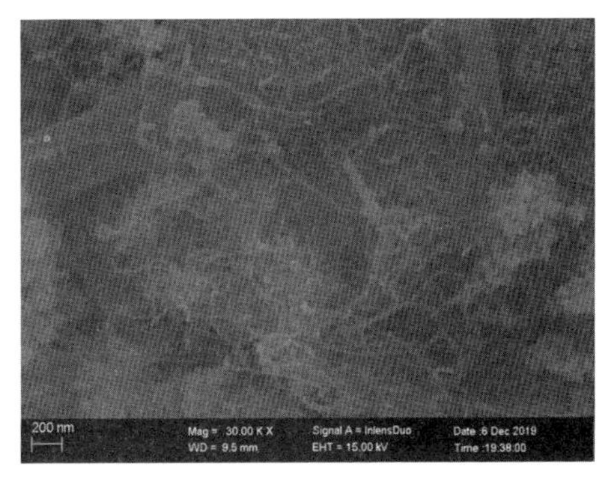

(b)未酸化 MWCNTs

图 7-1　未酸化 MWCNTs 和酸化后 MWCNTs 所制备的 GNPs-CNTs-ZnO 复合粒子的 SEM 表征图

在限定 GNPs-CNTs-ZnO/ER 复合材料中填料质量分数为 2.5%的基础上,通过分别调整 GO 与酸化 CNTs 的质量比(1∶2、1∶1、2∶1)、(GO+酸化 CNTs)与 $Zn(AC)_2 \cdot 2H_2O$ 的质量比(1∶20、1∶10、1∶6.67、1∶5),对 GNPs-CNTs-ZnO/ER 复合材料的非线性导电行为进行研究分析。其中,在复合材料的制备过程中观察发现,随着 GO 与酸化 CNTs 质量比的减小,GNPs-CNTs-ZnO 粉体的片层状结构更加明显,相同质量的粉体更加蓬松,表明酸化 CNTs 对 GNPs-CNTs-ZnO 粉体的微观结构具有显著的积极影响,能够有效防止填料粉体在制备过程中出现团聚现象;同时,随着(GO+酸化 CNTs)与 $Zn(AC)_2 \cdot 2H_2O$ 的质量比的增加,GNPs-CNTs-ZnO 粉体的颜色逐渐由深灰色变为灰黑色,这在一定程度上表明 ZnO 对 GNPs-CNTs 包覆程度的降低,而且与 GNPs-ZnO 粉体相比其颜色更深、结构更蓬松,也可表明 MWCNTs 的添加对填料粉体的结构影响较大。为了更好地与第 4 章中的 GNPs- ZnO/ER 复合材料进行对比,将 GNPs-CNTs-ZnO/ER 复合材料样品的厚度同样设置为 1.5 mm。

7.3　氧化锌包覆石墨烯-碳纳米管/环氧树脂复合材料的表征与分析

为了能够准确观察 GNPs-CNTs-ZnO 复合填料制备方法各个步骤生成物的微观形貌结构,本节选用 SEM、EDS、TEM、FTIR、Raman、XRD 和 XPS 等技术手段,重点对 GNPs-CNTs-ZnO 粉体的表面形貌、片层结构、基团和晶体结构进行表征和分析,为后续研究分析 GNPs-CNTs-ZnO 填料及其环氧树脂复合材料的特性打下基础。

7.3.1　GNPs-CNTs-ZnO 及其环氧树脂复合材料断面的 SEM 和 EDS 表征与分析

图 7-2 为 GO∶酸化 CNTs=1∶2时不同(GO+酸化 CNTs)和 $Zn(AC)_2 \cdot 2H_2O$ 质量比的 GNPs-CNTs-ZnO 复合粉体的 SEM 表征图,其中图 7-2(a)、(b)、(c)为不同(GO+酸化 CNTs)和 $Zn(AC)_2 \cdot 2H_2O$ 质量比的样品在 30.00 K 放大倍数的微观图像。从图中可以看出,一维线型结构的 CNTs 较为均匀地分散于二维结构的 GNPs 片层中间,彼此间的范

德瓦耳斯力阻止了团聚现象的发生，使得 GNPs 片层能够保持大比表面积的微观结构，并且超高长径比的 CNTs 有效地连接了相邻的 GNPs 片层，对提高 GNPs-CNTs-ZnO 复合粉体的导电性具有重要作用；同时，具有较为均一结构的零维点型 ZnO 粒子较为均匀地包覆在 GNPs 和 CNTs 表面，并且虽然由于 CNTs 线型结构的加入使得 ZnO 的包覆效果与纯 GNPs 相比有了一定程度的下降，但整体上随着（GO+酸化 CNTs）和 Zn（AC）$_2$ · 2H$_2$O 质量比的增大，ZnO 颗粒包覆效果的变化趋势仍然是逐渐从"过量有轻微团聚"到"量少包覆不全面"。

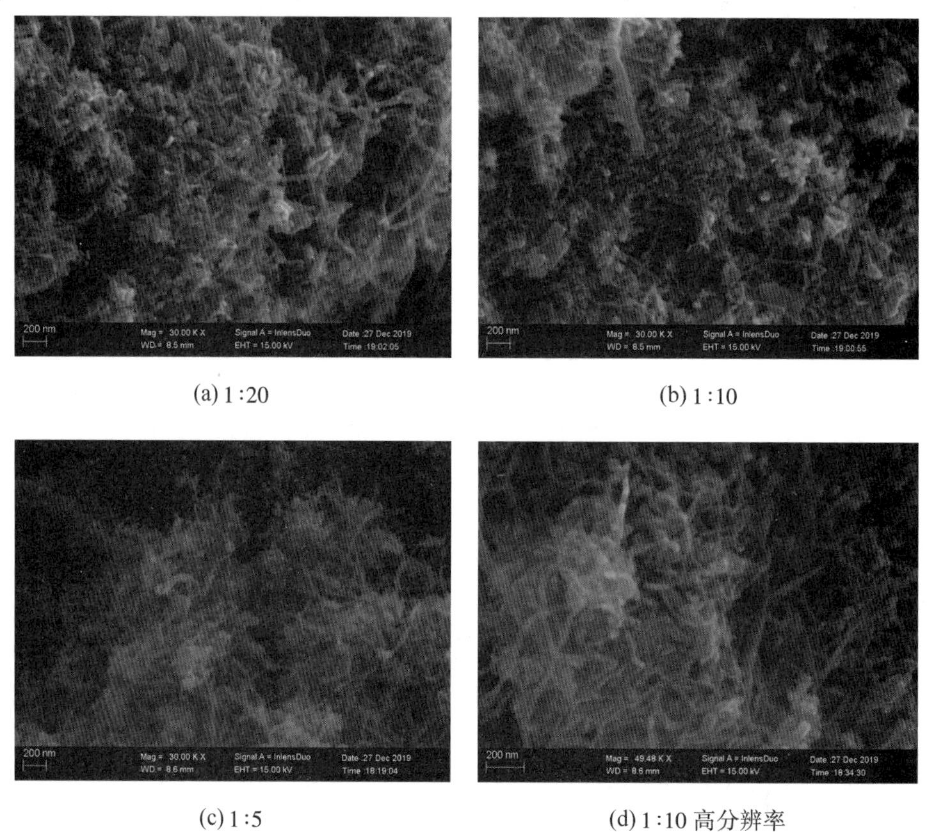

(a) 1∶20　　(b) 1∶10

(c) 1∶5　　(d) 1∶10 高分辨率

图 7-2　GO∶酸化 CNTs＝1∶2时不同（GO+酸化 CNTs）和 Zn（AC）$_2$ · 2H$_2$O 质量比的 GNPs-CNTs-ZnO 复合粉体的 SEM 表征图

总体来讲，GNPs-CNTs-ZnO 粉体中 3 种不同纬度的材料分散较为均匀，具有较大的比表面积和较少的结构缺陷，能够满足聚合物基非线性导电复合材料的制备需求。图 7-（d）为相同 GO 与酸化 CNTs 质量比下的（GO+酸化 CNTs）和 Zn（AC）$_2$ · 2H$_2$O 质量比为 1∶10 的样品在 50.00K 放大倍数的微观图像，由于 CNTs 本身具有非常大的长径比，当 CNTs 的含量较高时（GO 与酸化 CNTs 的质量比为 1∶2），CNTs 分散性下降，导致在 GNPs-CNTs-ZnO 复合粉体中会发生较为明显的团聚；同时，由于 GNPs 与 CNTs 相比具有更大的比表面积，在反应过程中更易于 Zn^{2+}这在的吸附，一定程度上影响了 ZnO 粒子包覆效果，使得 ZnO 微观粒子更多地包覆在 GNPs 表面，但是对 GNPs-CNTs-ZnO 复合粉体的整体性能影响有限。

图7-3为GO:酸化CNTs=2:1时不同(GO+酸化CNTs)和$Zn(AC)_2 \cdot 2H_2O$质量比的GNPs-CNTs-ZnO复合粉体的SEM表征图,其中图7-3(a)、(b)、(c)为不同(GO+酸化CNTs)和$Zn(AC)_2 \cdot 2H_2O$质量比的样品在30.00K放大倍数的微观图像,图7-3(d)为(GO+酸化CNTs)和$Zn(AC)_2 \cdot 2H_2O$质量比为1:10的样品在50.00K放大倍数的微观图像。可以看出,本组GNPs-CNTs-ZnO复合粉体具有较好的微观形貌以及与图7-2中样品基本相同的包覆现象和变化趋势,3种不同纬度的材料分散较为均匀,同样能够满足本章聚合物基非线性导电复合材料的制备需求。但从图7-3(d)中可以发现,由于CNTs质量分数的下降,CNTs对GNPs相邻片层间的分离效果减弱,导致GNPs-CNTs-ZnO复合粉体中的GNPs片层出现了部分团聚,这在一定程度上影响了复合粉体的微观结构和性能。

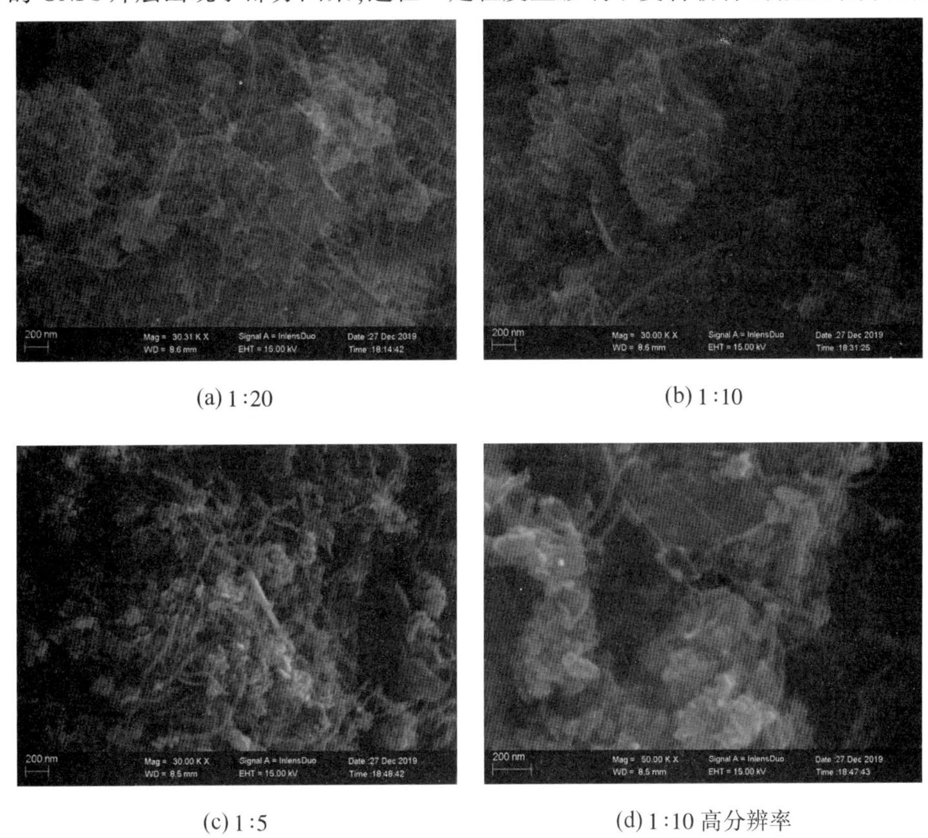

(a) 1:20　(b) 1:10

(c) 1:5　(d) 1:10 高分辨率

图7-3　GO:酸化CNTs=2:1时不同(GO+酸化CNTs)和$Zn(AC)_2 \cdot 2H_2O$质量比的GNPs-CNTs-ZnO复合粉体的SEM表征图

图7-4为GO:酸化CNTs=1:1时不同(GO+酸化CNTs)和$Zn(AC)_2 \cdot 2H_2O$质量比的GNPs-CNTs-ZnO复合粉体的SEM表征图,其中图7-4(a)、(b)、(c)为不同(GO+酸化CNTs)和$Zn(AC)_2 \cdot 2H_2O$质量比的样品在30.00 K放大倍数的微观图像,图7-4(d)为(GO+酸化CNTs)和$Zn(AC)_2 \cdot 2H_2O$质量比为1:10的样品在50.00 K放大倍数的微观图像。可以发现,本组GNPs-CNTs-ZnO复合粉体具有较好的微观形貌以及与图7-2和图7-3中基本相同的包覆现象和变化趋势,3种不同纬度的材料分散均匀。并且从图7-4(d)中可以发现,由于CNTs质量分数较为适宜,CNTs能够均匀的分散在GNPs片层中而

不发生明显的团聚，使得本组 GNPs-CNTs-ZnO 复合粉体中 GNPs 和 CNTs 能够较好的兼容和共存，与前 2 组相比具有最好的微观形貌结构，很好地满足了聚合物基非线性导电复合材料的制备需求。

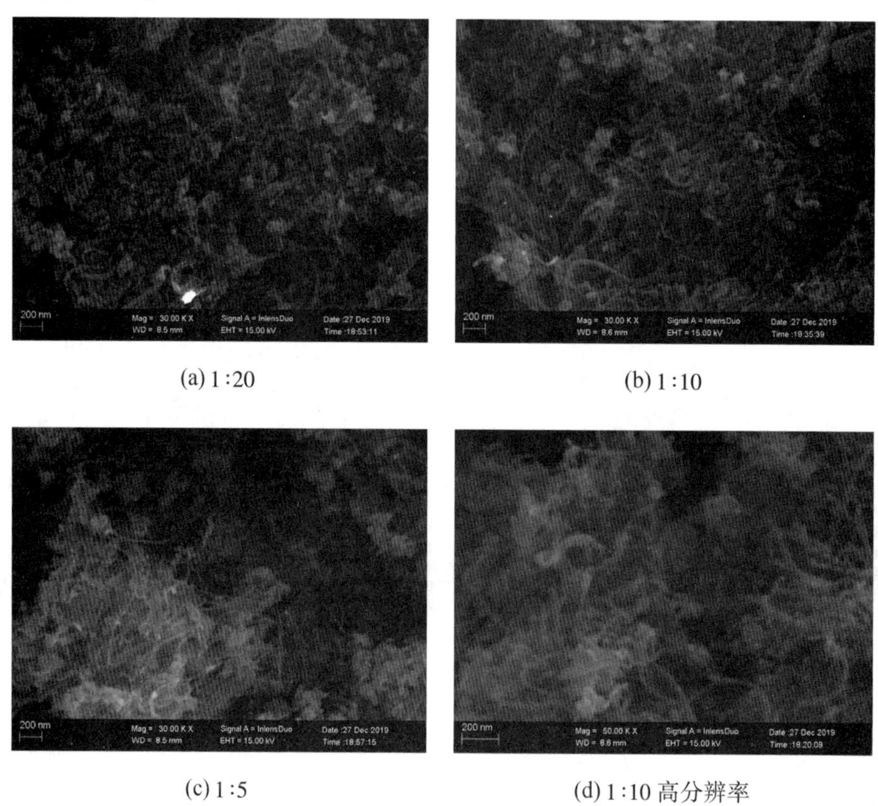

(a) 1:20　(b) 1:10

(c) 1:5　(d) 1:10 高分辨率

图 7-4　GO:酸化 CNTs=1:1时不同(GO+酸化 CNTs)和 $Zn(AC)_2 \cdot 2H_2O$ 质量比的 GNPs-CNTs-ZnO 复合粉体的 SEM 表征图

图 7-5 为 GNPs-CNTs-ZnO 复合粉体的 EDS 测试图，从图中可以明显地发现，样品主要包含锌元素、碳元素和氧元素，而且锌元素的含量很高，在一定程度上表明均匀包覆在 GNPs-CNTs 上的纳米粒子很可能就是 ZnO 纳米粒子，且包覆效果很好。

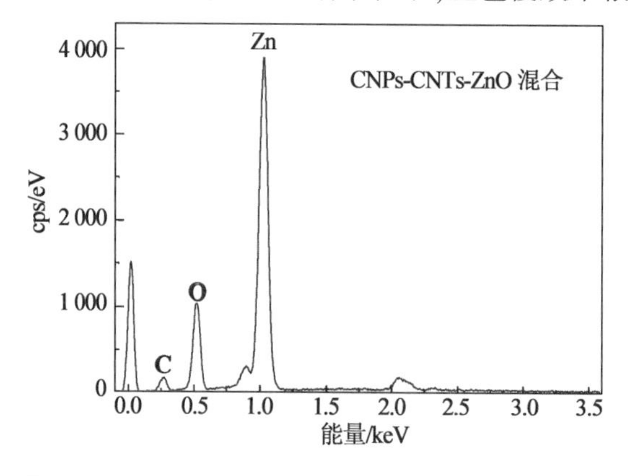

图 7-5　GNPs-CNTs-ZnO 复合粉体的 EDS 测试图

图7-6中展示了GNPs-CNTs-ZnO/ER复合材料断面的SEM表征图。从图中可以明显看出,GNPs-CNTs-ZnO复合粒子能够较为均匀地分布在ER基体中,两者间的分界面并不明显,说明由于具有较好的片层结构和表面形貌,GNPs-CNTs-ZnO复合粒子能够在ER基体中拥有较好的分散性和兼容性。

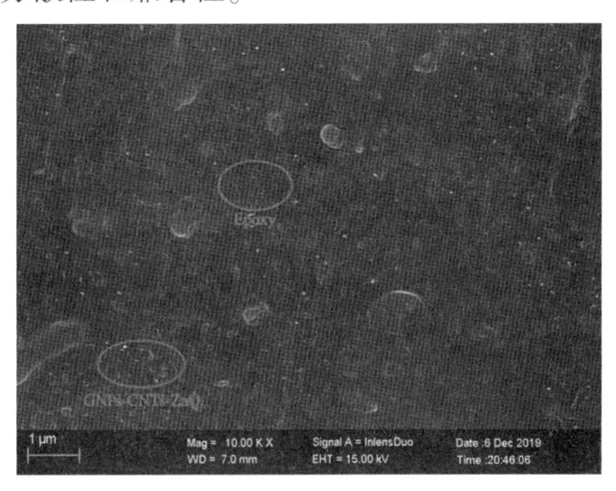

图7-6　GNPs-CNTs-ZnO/ER复合材料断面的SEM表征图

7.3.2　GNPs-CNTs-ZnO的TEM表征与分析

图7-7为GO:酸化CNTs=1:2时不同(GO+酸化CNTs)和Zn(AC)$_2$·2H$_2$O质量比的GNPs-CNTs-ZnO复合粉体的TEM表征图,其中图7-7(a)、(b)、(c)为不同(GO+酸化CNTs)和Zn(AC)$_2$·2H$_2$O质量比的样品在低放大倍数下的微观图像,图7-7(d)为相同GO与酸化CNTs质量比下的(GO+酸化CNTs)和Zn(AC)$_2$·2H$_2$O质量比为1:10的样品在较高放大倍数下的微观图像。可以看出,GNPs-CNTs-ZnO复合粉体的TEM微观图像与图7-2中SEM微观图像所反应的情况基本一致,一维线型结构的CNTs在保持超高长径比的情况下分散于GNPs片层中间,连接相邻片层的同时有效阻止了GNPs在反应过程中的团聚现象,使得GNPs片层保持了具有大比表面积的二维平面结构;ZnO纳米颗粒具有较为均一的零维点状结构,较为均匀的包覆在GNPs和CNTs表面,并且随着(GO+酸化CNTs)和Zn(AC)$_2$·2H$_2$O质量比的增大,ZnO颗粒包覆效果的变化趋势整体上是逐渐从"过量有轻微团聚"到"量少包覆不全面"。不过由于CNTs的质量分数过大,从放大倍数较高的图7-7(d)中能看到CNTs较为明显团聚,在一定程度上影响了GNPs-CNTs-ZnO复合粉体的微观形貌;而且由于GNPs与CNTs相比具有更大的比表面积,在反应过程中更易于Zn^{2+}的吸附,能够发现ZnO纳米颗粒更多地包覆在GNPs表面。但是总体来讲,GNPs-CNTs-ZnO复合粉体中3种不同纬度的材料分散较为均匀,具有较大的比表面积和较少的结构缺陷,能够满足聚合物基非线性导电复合材料的制备需求。

图7-8为GO:酸化CNTs=2:1时不同(GO+酸化CNTs)和Zn(AC)$_2$·2H$_2$O质量比的GNPs-CNTs-ZnO复合粉体的TEM表征图,其中图7-8(a)、(b)、(c)为不同(GO+酸化CNTs)和Zn(AC)$_2$·2H$_2$O质量比的样品在低放大倍数下的微观图像,图7-8(d)为相同GO与酸化CNTs质量比下的(GO+酸化CNTs)和Zn(AC)$_2$·2H$_2$O质量比为1:10的样品在较高放大倍数下的微观图像。可以看出,GNPs-CNTs-ZnO复合粉体的TEM微观图像

与图 7-3 中 SEM 微观图像所反映的情况基本一致,3 种不同纬度的材料互相分散较为均匀良好,能够满足本章聚合物基非线性导电复合材料的制备需求。需要注意的是,由于 CNTs 的质量分数较低,从放大倍数较高的图 7-8(d)中能看到 GNPs 片层发生了较为明显团聚,在一定程度上影响了 GNPs-CNTs-ZnO 复合粉体的微观形貌。

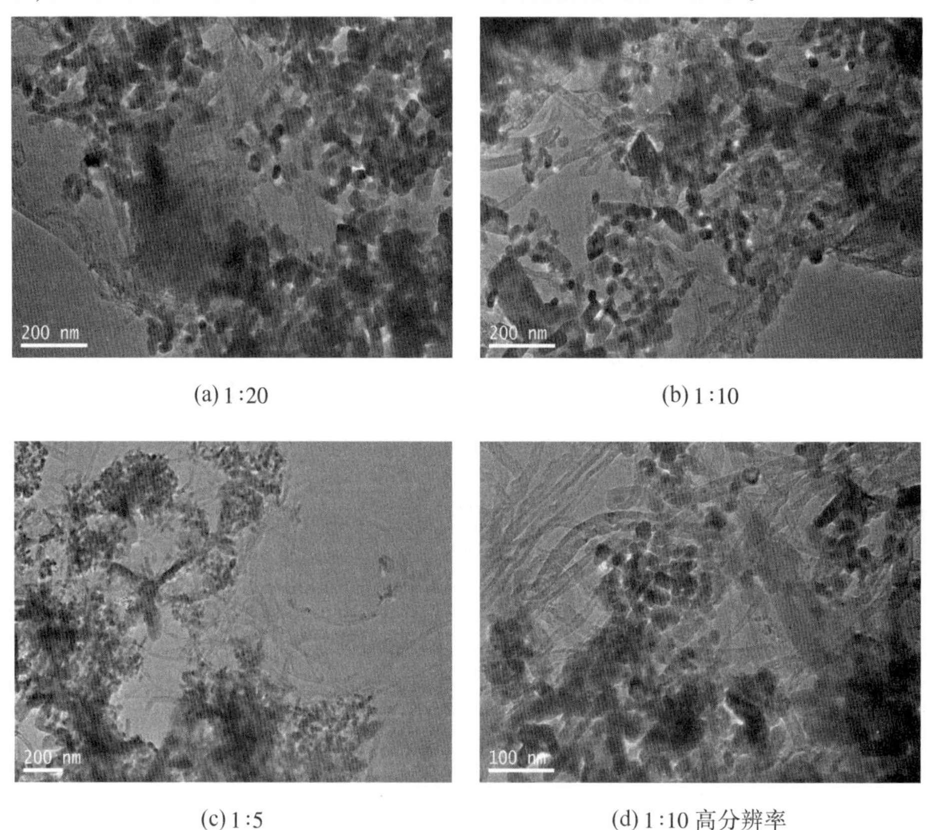

(a) 1:20　(b) 1:10

(c) 1:5　(d) 1:10 高分辨率

图 7-7　GO:酸化 CNTs=1:2时不同(GO+酸化 CNTs)和 $Zn(AC)_2 \cdot 2H_2O$ 质量比的 GNPs-CNTs-ZnO 复合粉体的 TEM 表征图

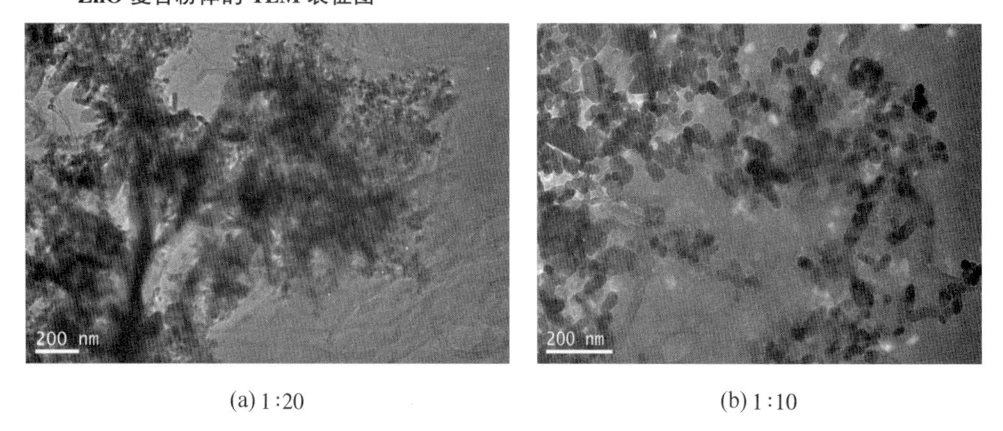

(a) 1:20　(b) 1:10

图 7-8　GO:酸化 CNTs=2:1时不同(GO+酸化 CNTs)和 $Zn(AC)_2 \cdot 2H_2O$ 质量比的 GNPs-CNTs-ZnO 复合粉体的 TEM 表征图

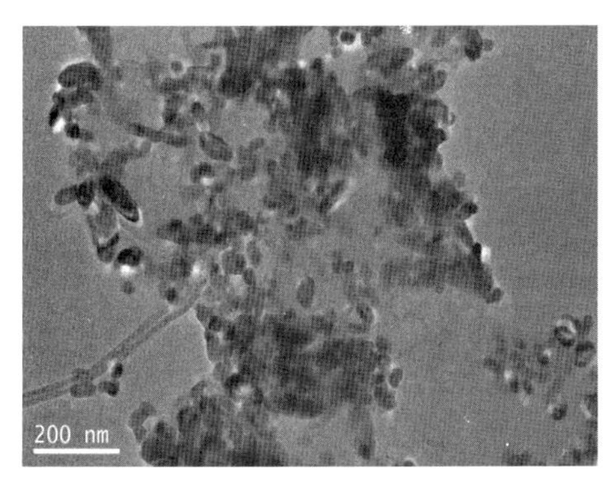

(c) 1∶5

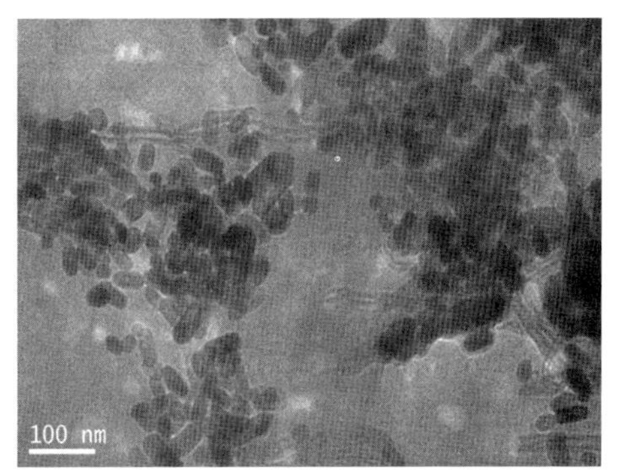

(d) 1∶10 高分辨率

图 7-8(续)

图 7-9 为 GO∶酸化 CNTs = 1∶1时不同(GO+酸化 CNTs)和 $Zn(AC)_2 \cdot 2H_2O$ 质量比的 GNPs-CNTs-ZnO 复合粉体的 TEM 表征图,其中图 7-9(a)、(b)、(c)为不同(GO+酸化 CNTs)和 $Zn(AC)_2 \cdot 2H_2O$ 质量比的样品在低放大倍数下的微观图像,图 7-9(d)为相同 GO 与酸化 CNTs 质量比下的(GO+酸化 CNTs)和 $Zn(AC)_2 \cdot 2H_2O$ 质量比为 1∶10 的样品在较高放大倍数下的微观图像。可以看出,GNPs-CNTs-ZnO 复合粉体的 TEM 微观图像与图 7-4 中 SEM 微观图像所反映的情况基本一致,3 种不同纬度的材料互相分散较为均匀良好,能够满足本章聚合物基非线性导电复合材料的制备需求。而且由于 GNPs 与 CNTs 的质量比较为合适,从放大倍数较高的图 7-9(d)中能看到 GNPs 片层和 CNTs 分散均匀,能够较好地兼容和共存,与前两组相比具有最好的微观形貌结构,很好地满足了聚合物基非线性导电复合材料的制备需求。

7.3.3 GNPs-CNTs-ZnO 的 FTIR 表征与分析

与 GNPs-ZnO 复合粉体类似,从图 7-10 的 FTIR 测试图中可以看到,对比 GO 的测试曲线,GNPs-CNTs-ZnO 复合粉体测试曲线上的各个峰值有了一定程度的减小,尤其是在 3 430 cm^{-1} 的 O—H 伸缩峰、1 420 cm^{-1} 的 C═O 伸缩峰、1 100 cm^{-1} 的 C—O 伸缩峰,表明在 GNPs-CNTs 复合粉体的制备过程中,水合肼作为还原剂成功地去除了 GO 和酸化 CNTs 表面上的部分含氧基团。同时在 420 cm^{-1} 处的 Zn—O 伸缩峰非常明显,表明包覆在 GNPs 和 CNTs 表面上的就是 ZnO 纳米粒子。不过与 RGO 的测试曲线相比,GNPs-CNTs-ZnO 复合粉体测试曲线上的对应峰值较大,说明 GNPs 和 CNTs 两者间的相互作用以及 ZnO 纳米粒子的包覆作用在一定程度上阻碍了还原过程的效果,使得较多的含氧基团保留了下来。

7.3.4 GNPs-CNTs-ZnO 的 Raman 光谱表征与分析

为了更好地说明 GNPs-CNTs-ZnO 复合粒子的结构特征,图 7-11 展示了其 Raman 光谱测试图。由图中可知,GO、RGO 和 GNPs-CNTs-ZnO 的 D 峰分别位于 1 344.61 cm^{-1}、1 345.06 cm^{-1} 和 1 341.96 cm^{-1},G 峰分别位于 1 590.35 cm^{-1}、1 583.15 cm^{-1} 和

1 578.06 cm^{-1}，I_D/I_G 的值分别为 1.017、1.518、1.266。通过比较发现，与 GO 和 RGO 相比，GNPs-CNTs-ZnO 的 G 峰均发生了一定程度的红移，表明在 GNPs-CNTs-ZnO 中 GNPs、CNTs 和 ZnO 三者之间均发生了强烈的相互作用。同时，GNPs-CNTs-ZnO 的 I_D/I_G 值在 GO 和 RGO 之间，表明 GNPs-CNTs-ZnO 的制备过程中的 CNTs 和 ZnO 的引入以及还原反应在 GNPs 表面引入了更多的缺陷，但同时 CNTs 和 ZnO 能够在一定程度上弥补 GO 还原后表面上存在的缺陷，使其表面结构的完整度要高于 RGO。

(a) 1∶20　(b) 1∶10

(c) 1∶5　(d) 1∶10 高分辨率

图 7-9　GO∶酸化 CNTs=1∶1时不同(GO+酸化 CNTs)和 $Zn(AC)_2 \cdot 2H_2O$ 质量比的 GNPs-CNTs-ZnO 复合粉体的 TEM 表征图

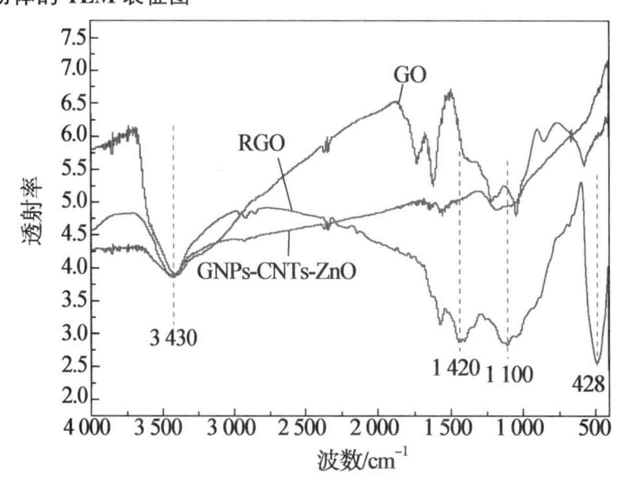

图 7-10　GO、RGO 和 GNPs-CNTs-ZnO 复合粉体的 FTIR 测试图

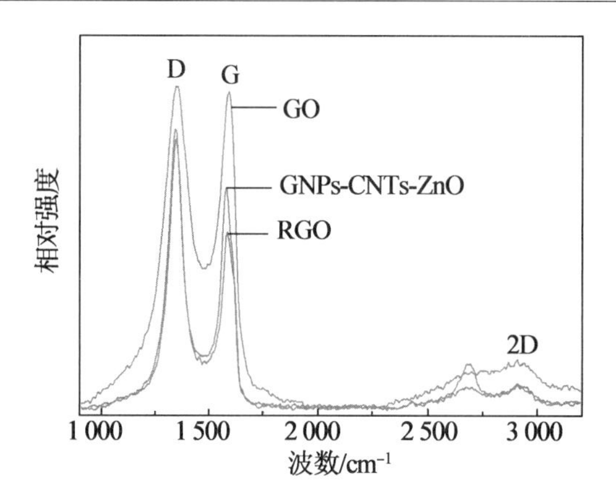

图 7-11　GO、RGO 和 GNPs-CNTs-ZnO 粉体的 Raman 光谱测试图

7.3.5　GNPs-CNTs-ZnO 的 XRD 表征与分析

图 7-12 为 GNPs-CNTs-ZnO 粉体的 XRD 测试图，经过与标准比对卡（JCPDS No. 36-1451）的比对分析，GNPs-CNTs-ZnO 粉体在 31.4°、34.3°、36.3°、47.2°、56.4°、62.6°、66.4°、67.6°和 69.2°的衍射峰分别与 ZnO 的晶面峰（100）、（002）、（101）、（110）、（102）、（103）、（200）、（112）和（201）相对应，图中几乎看不到任何 GNPs-CNTs 的衍射峰，表明本章所制备的 ZnO 纳米粒子具有良好的六方纤锌矿结构，并且成功对石墨烯-碳纳米管复合粒子的表面进行了包覆。

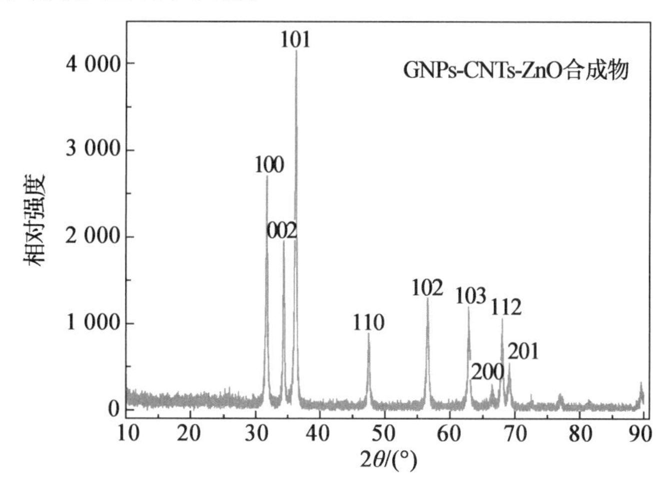

图 7-12　GNPs-CNTs-ZnO 复合粉体的 XRD 测试图

7.3.6　GNPs-CNTs-ZnO 的 XPS 表征与分析

图 7-13 是 GNPs-CNTs-ZnO 复合粉体的 XPS 测试谱图。与 4.3.6 节类似，图 7-13(a)为 GNPs-CNTs-ZnO 复合粉体的元素全谱图，包括最重要的 C 1 s（296.8 eV）、Zn $2p_{3/2}$（1 028.1 eV）、Zn $2p_{1/2}$（1 040.2 eV）和 O 1s（532.6 eV）等。图 7-13(b)为位于 C 1s 特征峰的高分辨率能谱图（281~292 eV），可以看出 C—C/C═C 键（284.4 eV）的特征峰明显

高于 C—O/C—OH 键(287.1 eV)和 O═C—O 键(289.3 eV)的特征峰,表明 GO 和酸化 CNTs 表面绝大多数的含氧基团已经在 GNPs-CNTs-ZnO 复合粉体的制备过程中去除,且 GNPs 与 CNTs 之间具有较强的相互作用,这与前文 FTIR 和 Raman 光谱的表征结果一致。特别地,位于 283.2 eV 的代表 GNPs、CNTs 与 ZnO 之间相互作用的 RGO-ZnO 键非常强,表明 ZnO 确实已经成功且强力地包覆在了 GNPs 和 CNTs 表面,这与前文 SEM 和 TEM 的表征结果一致。

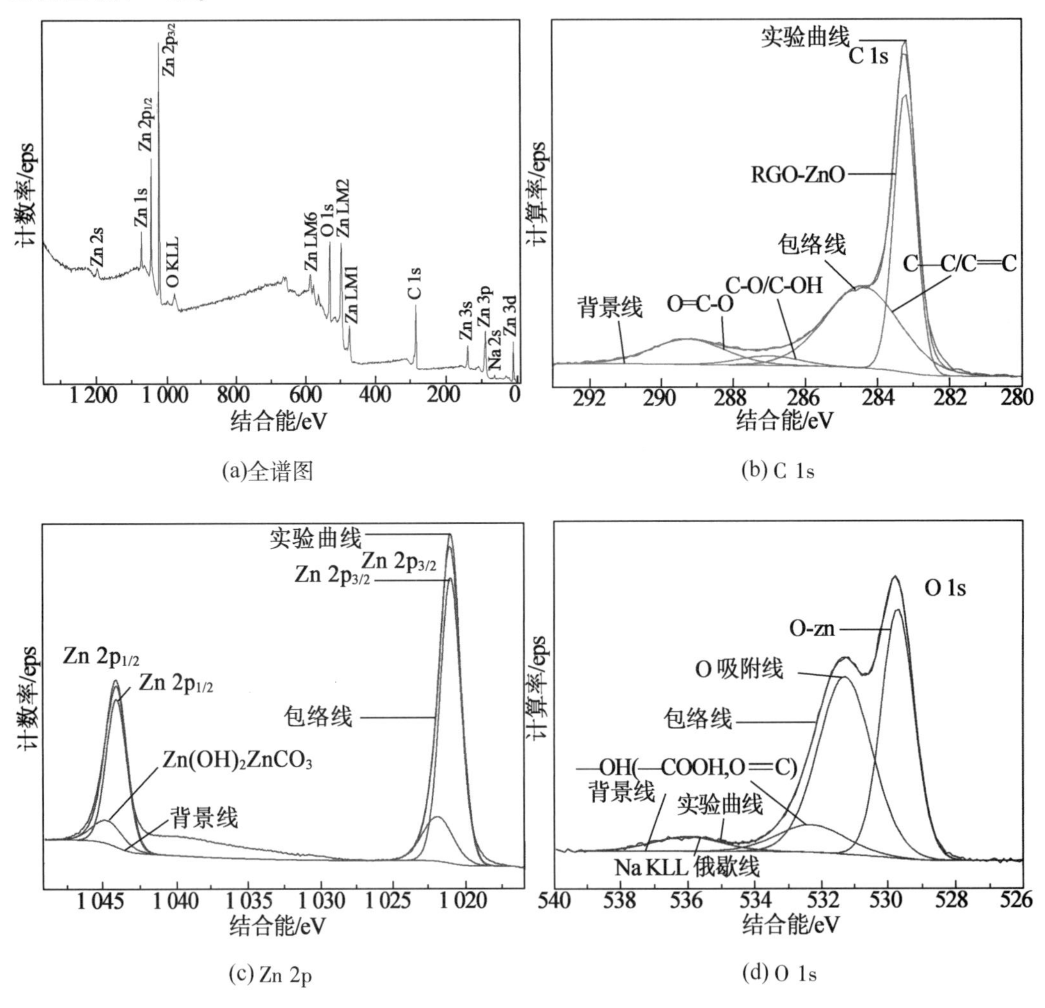

(a)全谱图 (b) C 1s

(c) Zn 2p (d) O 1s

图 7-13 GNPs-CNTs-ZnO 复合粉体的 XPS 测试图

图 7-13(c)为 Zn 2p 特征峰的高分辨率能谱图(1 017~1 050 eV),包括位于 1 020.0 eV 的 Zn $2p_{3/2}$ 和位于 1 044.1 eV 的 Zn $2p_{1/2}$。图 7-13(d)为 O 1s 特征峰的高分辨率能谱图(526~540 eV),包括了环氧基、羧基和羟基等含氧基团中氧元素的特征峰,其中位于 529.6 eV 的 Zn-O 键特征峰非常明显,表明 GNPs-CNTs-ZnO 复合粉体中的 ZnO 纳米粒子结晶良好,与前文的 XRD 表征结果一致。

为了在保持 GNPs-ZnO 复合粉体可重复性的同时提高其导电性,降低 GNPs-ZnO 复合粉体的填充浓度,选择了碳纳米管作为一维填充材料,成功制备了由零维、一维和二维材料组成的多相复合填充材料。在制备过程中,片状 GO 和线型酸化 CNTs 通过超声和搅拌作用相互混合并经水合肼还原成 GNPs-CNTs 复合粉体,然后溶液中带正电的 Zn^{2+} 被 GO 和酸化 CNTs 上带负电的含氧基团所吸引,在碱性和高温高压的环境中生成 ZnO 并包覆在 GNPs 和 CNTs 表面,最终得到 GNPs-CNTs-ZnO 复合粉体。

根据上述 SEM、EDS、TEM、FTIR、Raman、XRD 和 XPS 的表征结果和分析表明,GNPs-CNTs-ZnO 复合粉体比表面积大、缺陷堆叠少,一维线型的 CNTs 较为均匀地穿插在 GNPs 的二维片层中间,使复合粉体具有良好的表面形貌和片层结构,并且加强了 GNPs 片层间的联系,有效提高了复合材料粉体的导电性。XRD 和 XPS 的表征结果表明 SEM 和 TEM 中的纳米粒子确定为具有良好六方纤锌矿结构的 ZnO 纳米粒子,其大小尺寸基本一致并较为均匀和强力地包覆在 GNPs 和 CNTs 的表面,其中当 GO 与酸化 CNTs 的质量比为 1∶1时 GNPs-CNTs-ZnO 复合粉体具有最佳的微观结构和表面形貌,达到了作为可重复非线性导电复合材料填料的要求。为了进一步分析研究 GNPs-CNTs-ZnO 复合粉体在可重复非线性导电复合材料中的实际特性与应用价值,下面将对其环氧树脂复合材料进行非线性导电行为测试。

7.4　氧化锌包覆石墨烯-碳纳米管/环氧树脂复合材料场致导电性能测试与分析

7.4.1　GNPs-CNTs-ZnO/ER 复合材料的伏安特性测试结果

为了进一步研究 GNPs-CNTs-ZnO 复合粒子的实际特性,分析其在非线性导电复合材料中的应用价值,在总结 GNPs-CNTs-ZnO 复合粒子多种表征结果的基础上,限定复合材料的填料质量分数为 2.5%,然后先根据 GO 与酸化 CNTs 的质量比将样品分为 3 组,再根据(GO+酸化 CNTs)与 $Zn(AC)_2 \cdot 2H_2O$ 质量比的分别制备了 4 组不同的测试样品(1∶20、1∶10、1∶6.67、1∶5),并使用 Keithley 2600-PCT-4B 半导体参数分析仪对这 4 个复合材料样品在相同的条件下进行了 20 次伏安特性测试,其中组 1(GO 与酸化 CNTs 的质量比为 1∶2)的测试结果如图 7-14 所示。

需要特别指出的是,溶液共混法制备过程中混合体系的黏度会随着导电填料(GNPs-CNTs-ZnO)填充质量分数的增大而增大,最终会因黏度过大而无法搅拌和成型,经过多次实验 GNPs-CNTs-ZnO/ER 复合材料的最大填料质量分数应小于 20%,从而可以得出结论,CNTs 的加入对 GNPs 保持大表面积微观结构有明显作用,减轻了 GNPs 片层在溶剂热反应中高温高压环境中的团聚现象,使得 GNPs-CNTs-ZnO 复合粒子的比表面积虽然比 KRGO、RKGO 和 GNPs-CNTs 复合粒子要小,但明显大于 GNPs-ZnO 复合粒子,与前文的 GNPs-CNTs-ZnO 复合粒子的表征结果相一致。

如图 7-14(a)所示,组 1(GO 与酸化 CNTs 的质量比为 1∶2)中当(GO+酸化 CNTs)与 $Zn(AC)_2 \cdot 2H_2O$ 质量比为 1∶6.67 和 1∶10 时,均在低电压区表现为欧姆效应,由于复合材料常态下的高电阻特性,导致测试电流非常小;随着外部电压的提高,在到达阈值电压的时刻,这 2 种不同质量比的测试样品都出现了非欧姆效应,其电阻在瞬间发生了巨大下降,导致测试电流发生明显的突增。由此可以看出,组 1 的 GNPs-CNTs-ZnO/ER 复合材料在拥有合适的(GO+酸化 CNTs)与 $Zn(AC)_2 \cdot 2H_2O$ 质量比时表现出了非常明显的场致开关效应,且在多达 20 次伏安特性测试中拥有良好的可重复性。同时随着(GO+酸化 CNTs)与 $Zn(AC)_2 \cdot 2H_2O$ 质量比的增大,复合材料的相变阈值电压发生了明显的下降。

图 7-14(b)为 GNPs-CNTs 复合粒子与 $Zn(AC)_2 \cdot 2H_2O$ 质量比为 1:5的复合材料样品的伏安特性测试曲线,可以发现该样品由于 GNPs-CNTs-ZnO 复合填料中过高的 GNPs-CNTs 质量分数,导致 ZnO 纳米粒子无法对其进行良好的包覆,使得测试样品初始导电性较高,直接在较低的外部电压表现为低阻欧姆特性,不存在非线性导电行为(上升曲线终端的折线现象为设备测试取点的误差),且随着测试次数的增加样品电阻逐渐降低,可重复性也较差。

图 7-14(c)为(GO+酸化 CNTs)与 $Zn(AC)_2 \cdot 2H_2O$ 质量比为 1:20 的复合材料样品的伏安特性测试曲线,可以看出由于 GNPs-CNTs-ZnO 复合填料中过低的 GNPs-CNTs 质量分数,导致测试样品初始电阻较高,虽然具有轻微的非线性导电行为,但其趋势非常不明显且所需的外部电压较大,与实际需求相差太远。

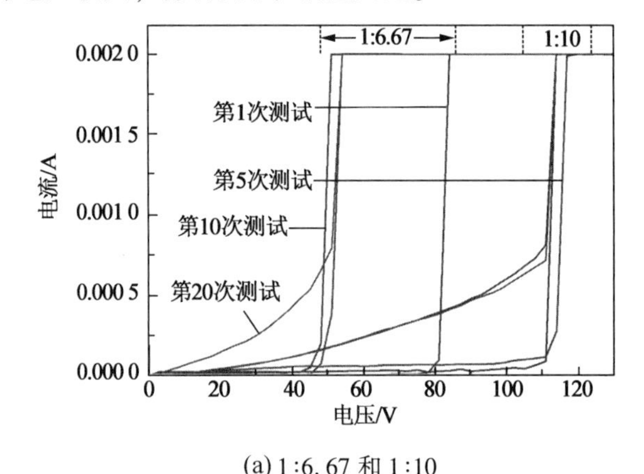

(a) 1:6. 67 和 1:10

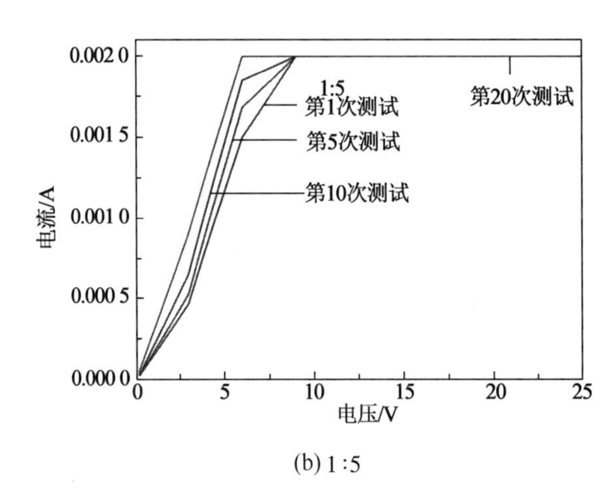

(b) 1:5

图 7-14 GO 与酸化 CNTs 的质量比为 1:2时不同(GO+酸化 CNTs)与 $Zn(AC)_2 \cdot 2H_2O$ 质量比的 GNPs-CNTs-ZnO/ER 复合材料伏安特性测试图

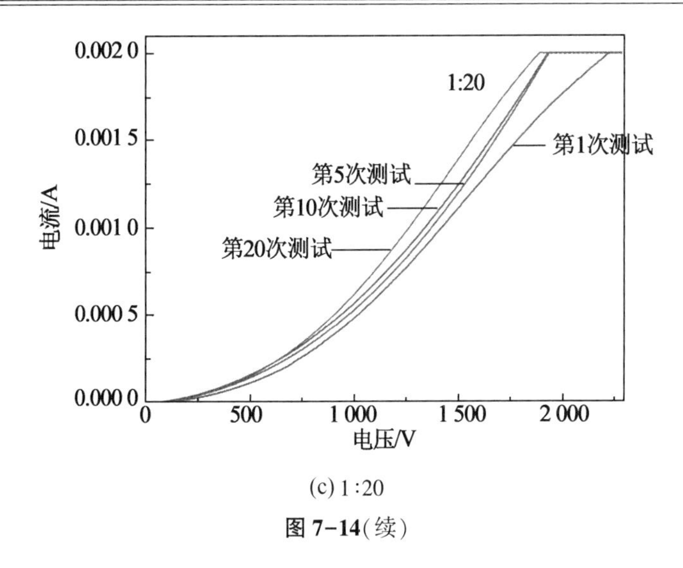

(c) 1∶20

图 7-14(续)

图 7-15 为组 2(GO 与酸化 CNTs 的质量比为 2∶1)的伏安特性测试曲线。如图 7-15(a)所示,当(GO+酸化 CNTs)与 $Zn(AC)_2 \cdot 2H_2O$ 质量比为 1∶6.67 和 1∶10 时,两个复合材料样品同样在低电压区表现为欧姆效应,并随着外部电压的提高,在到达阈值电压时都出现了非欧姆效应,其电阻在瞬间发生了明显下降,导致测试电流发生明显的突增,在多达 20 次伏安特性测试中表现出了非常明显和稳定的场致开关效应,且随着(GO+酸化 CNTs)与 $Zn(AC)_2 \cdot 2H_2O$ 质量比的增大,复合材料的相变阈值电压发生了明显的下降。同时与图 7-13(a)相比,由于 GO 与酸化 CNTs 的质量比的增大,组 2 样品中 GNPs-CNTs-ZnO 复合粒子的导电性下降,使得复合材料的相变阈值电压相对较高。

图 7-15(b)为(GO+酸化 CNTs)与 $Zn(AC)_2 \cdot 2H_2O$ 质量比为 1∶5的复合材料样品的伏安特性测试曲线,与图 7-14(b)相似,虽然该样品同样由于 GNPs-CNTs-ZnO 复合填料中过高的 GNPs-CNTs 质量分数,导致 ZnO 纳米粒子无法对其进行良好的包覆,使得测试样品初始导电性较高,直接在较低的外部电压表现为低阻欧姆特性,不存在非线性导电行为,且随着测试次数的增加样品电阻逐渐降低,可重复性也较差;同时与图 7-14(b)相比其曲线斜率较低,同样说明 GO 与酸化 CNTs 的质量比的增大使得组 2 样品中 GNPs-CNTs-ZnO 复合粒子的导电性下降。

图 7-15(c)为(GO+酸化 CNTs)与 $Zn(AC)_2 \cdot 2H_2O$ 质量比为 1∶20 的复合材料样品的伏安特性测试曲线,可以看出由于 GNPs-CNTs-ZnO 复合填料中过低的 GNPs-CNTs 质量分数,导致 GNPs-CNTs-ZnO 复合粒子的导电性较低,测试样品初始电阻很高,完全没有出现非线性导电行为或开关行为。

图 7-16 为组 3(GO 与酸化 CNTs 的质量比为 1∶1)的伏安特性测试曲线。如图 7-16(a)所示,当(GO+酸化 CNTs)与 $Zn(AC)_2 \cdot 2H_2O$ 质量比为 1∶6.67 和 1∶10 时,两个复合材料样品同样在低电压区表现为欧姆效应,并随着外部电压的提高,在到达阈值电压时都出现了非欧姆效应,其电阻在瞬间发生了明显下降,导致测试电流发生明显的突增,在多达 20 次伏安特性测试中表现出了非常明显和稳定的可重复非线性导电特性,且随着(GO+酸化 CNTs)与 $Zn(AC)_2 \cdot 2H_2O$ 质量比的增大,复合材料的相变阈值电压发生了明显的下降。同时与图 7-14(a)和图 7-15(a)相比,由于适中的 GO 与酸化 CNTs 的质量比,组 3

样品中 GNPs-CNTs-ZnO 复合粒子的导电性适中,使得复合材料的相变阈值电压在组 1 和组 2 之间。

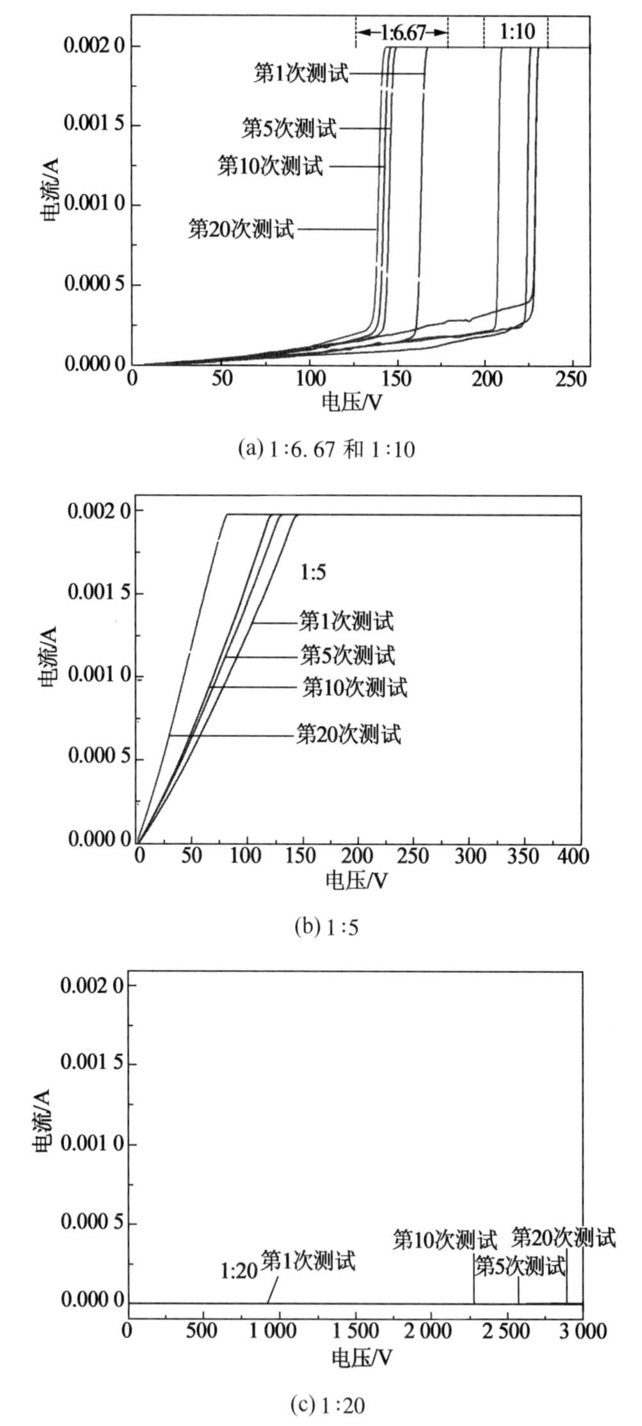

(a) 1∶6.67 和 1∶10

(b) 1∶5

(c) 1∶20

图 7-15 GO 与酸化 CNTs 的质量比为 2∶1时不同(GO+酸化 CNTs)与 $Zn(AC)_2 \cdot 2H_2O$ 质量比的复合材料伏安特性测试图

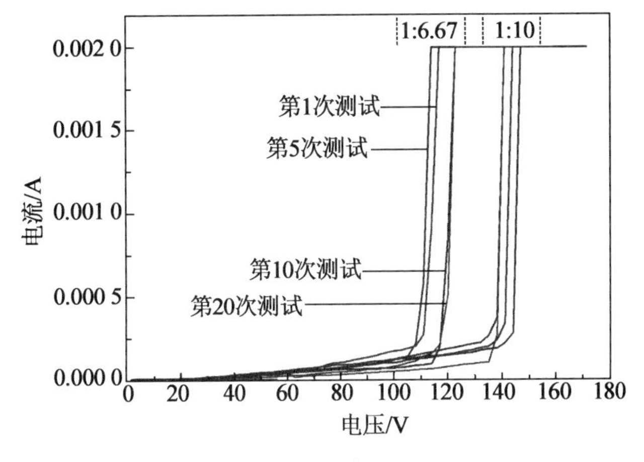

(a) 1∶6.67 和 1∶10

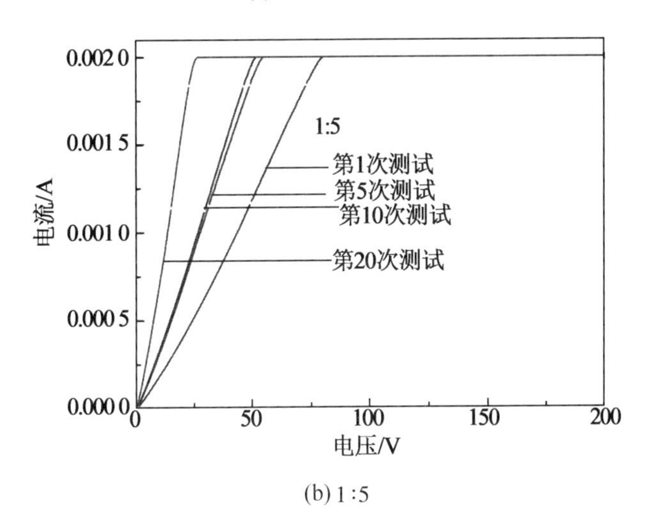

(b) 1∶5

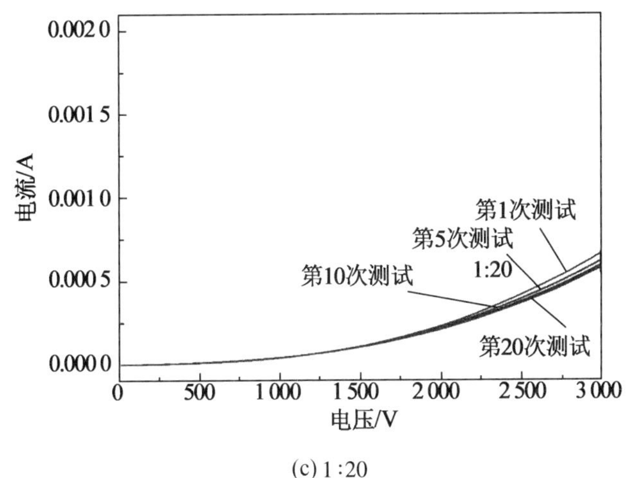

(c) 1∶20

图 7-16　GO 与酸化 CNTs 的质量比为 1∶1时不同(GO+酸化 CNTs)与 $Zn(AC)_2 \cdot 2H_2O$ 质量比的复合材料伏安特性测试图

图 7-16(b)为(GO+酸化 CNTs)与 $Zn(AC)_2 \cdot 2H_2O$ 质量比为 1:5的复合材料样品的伏安特性测试曲线,与图 7-14(b)和图 7-15(b)相似,虽然该样品同样由于 GNPs-CNTs-ZnO 复合填料中过高的 GNPs-CNTs 质量分数,导致 ZnO 纳米粒子无法对其进行良好的包覆,使得测试样品初始导电性较高,直接在较低的外部电压表现为低阻欧姆特性,不存在非线性导电行为,且随着测试次数的增加样品电阻逐渐降低,可重复性也较差;同时与图 7-14(b)和图 7-15(b)相比其曲线斜率适中,同样说明 GO 与酸化 CNTs 的质量比与样品中 GNPs-CNTs-ZnO 复合粒子的导电性成反比。

图 7-16(c)为(GO+酸化 CNTs)与 $Zn(AC)_2 \cdot 2H_2O$ 质量比为 1:20 的复合材料伏安特性测试曲线,可以看出由于 GNPs-CNTs-ZnO 中过低的 GNPs-CNTs 质量分数,导致 GNPs-CNTs-ZnO 复合粒子的导电性较低,样品初始电阻很高,虽然与图 7-14(c)中曲线具有相似的非线性导电趋势,但由于导电性更差,导致与实际应用需求相差甚远。

7.4.2　GNPs-CNTs-ZnO/ER 复合材料的场致导电性能分析

根据非线性导电系数的计算公式,3 组样品(不同 GO 与酸化 CNTs 的质量比)中具有场致相变效应的 2 组样品((GO+酸化 CNTs)与 $Zn(AC)_2 \cdot 2H_2O$ 质量比为 1:6.67 和 1:10)在阈值电压前后的非线性系数见表 7-3。

表 7-3　不同(GO+酸化 CNTs)与 $Zn(AC)_2 \cdot 2H_2O$ 质量比的 GNPs-CNTs-ZnO/ER 的非线性系数

组别	质量比	相变前	相变后
1:2	1:10	1.43	31.88
	1:6.67	0.58	23.98
2:1	1:10	1.34	90.00
	1:6.67	1.78	35.16
1:1	1:10	1.85	43.80
	1:6.67	1.11	42.62

通过表 7-3 的量化数据可以看出,随着外部电压的增加,3 组样品(GO 与酸化 CNTs 的质量比为 1:2、2:1和 1:1)中不同(GO+酸化 CNTs)与 $Zn(AC)_2 \cdot 2H_2O$ 质量比(1:6.67 和 1:10)的复合材料样品在相变前后的非线性系数相比都发生了非常明显的变化。在发生相变前,复合材料样品均处于欧姆效应下的高电阻状态,非线性系数非常小(0.58~1.85);当外部电压到达样品的阈值电压后,6 种复合材料样品的电阻都剧烈减小,非线性系数瞬间增大(23.98~90.0),展现了非常明显的场致开关效应。同时结合 3 组图 7-14、图 7-15、图 7-16 中的(a)、(b)和(c)可以发现,随着(GO+酸化 CNTs)与 $Zn(AC)_2 \cdot 2H_2O$ 质量比的提高,ZnO 纳米粒子的包覆效果降低,使得 GNPs-CNTs-ZnO 复合材料内部填料之间的直接接触概率增加,更易形成导电通路,导致复合材料的初始电阻降低,使得复合材料的相变阈值电压随之降低,能够在更低的外部电压下发生相变,不过初始电阻的降低也相应地降低了样品相变前后非线性系数的变化幅度,使得相变后的非线性系数缓慢减

小;但是当(GO+酸化 CNTs)与 $Zn(AC)_2 \cdot 2H_2O$ 质量比过大时,由于 ZnO 在填料中的比例太小,无法起到对 GNPs-CNTs 复合粒子的包覆效果,导致复合材料样品的初始电阻过低,使得样品没有非线性导电行为,直接表现为线型欧姆电阻;相反地,当(GO+酸化 CNTs)与 $Zn(AC)_2 \cdot 2H_2O$ 质量比过小时,由于 GNPs-CNTs 复合粒子在填料中的比例过小,会导致 GNPs-CNTs-ZnO 填料的导电性很差,使得复合材料样品初始电阻过大,同样不具备相变能力。

通过对比图 7-14(a)、图 7-15(a)和图 7-16(a),可以发现随着 GO 和酸化 CNTs 质量比的增加,相同(GO+酸化 CNTs)与 $Zn(AC)_2 \cdot 2H_2O$ 质量比时复合材料样品的相变电压逐渐增大,表明随着 CNTs 质量分数的下降,GNPs-CNTs-ZnO 填料的初始电阻增加,使得复合材料发生相变所需要的外部电压增大,说明 CNTs 的质量分数与 GNPs-CNTs-ZnO 填料的导电性成正比,且作用明显。但 GNPs-CNTs-ZnO 填料初始导电性的增加会使得样品发生相变时的非线性系数随之减小,所以在相同(GO+酸化 CNTs)与 $Zn(AC)_2 \cdot 2H_2O$ 质量比时,GO 和酸化 CNTs 的质量比与复合材料样品相变的非线性系数成反比。

表 7-4　不同(GO+酸化 CNTs)与 $Zn(AC)_2 \cdot 2H_2O$ 质量比的 GNPs-CNTs-ZnO/ER 相变电压与方差

组别	质量比	阈值电压/V	Δ/%
1:2	1:10	115.6±1.5	1.30
	1:6.67	67.6±16.5	24.41
2:1	1:10	219.2±10.5	4.79
	1:6.67	153.2±12.1	7.90
1:1	1:10	144.1±3.0	2.08
	1:6.67	118.6±4.5	3.79

结合表 7-4 的量化数据与图 7-14(a)、图 7-15(a)和图 7-16(a),在具有相同 GO 和酸化 CNTs 质量比的前提下,随着(GO+酸化 CNTs)与 $Zn(AC)_2 \cdot 2H_2O$ 质量比的提高,GNPs-CNTs-ZnO 填料的导电性逐渐增加,导致复合材料样品的初始电阻逐渐下降,发生相变的阈值电压随之减小;在具有相同(GO+酸化 CNTs)与 $Zn(AC)_2 \cdot 2H_2O$ 质量比的前提下,随着 GO 和酸化 CNTs 质量比的提高,GNPs-CNTs-ZnO 填料的导电性逐渐降低,导致复合材料样品的初始电阻逐渐下降,发生相变的阈值电压随之增大。同时由于在复合材料样品中 GNPs-CNTs-ZnO 填料之间不可避免地存在少量非常薄的绝缘环氧树脂基体,在伏安特性测试开始时,当外部电压到达阈值电压时,它们会由于焦耳热效应而不可逆地转变为导电通路,导致样品电阻发生剧烈变化,使得样品在多次伏安特性测试时的阈值电压其曲线出现微小的偏差。从表 7-4 可以看出,具有不同 GO 和酸化 CNTs 质量比和(GO+酸化 CNTs)与 $Zn(AC)_2 \cdot 2H_2O$ 质量比的复合材料样品其阈值电压的偏差范围大小不一,其中组 3(GO 与酸化 CNTs 质量比为 1:1)的 2 种样品具有最小的平均阈值电压偏差范围,说明其可重复性具有更好的稳定性。

Yang 团队成功制备了 ZnO 包覆 CNT 环氧树脂复合材料,且在多次伏安特性测试下表现出了良好的可重复非线性导电特性，其填料质量分数为10%时的非线性导电系数最大为5。而本章制备的GNPs-CNTs-ZnO/ER复合材料只需2.5%的填料质量分数就可拥有40左右的非线性导电系数，且具有同样良好的可重复性，在非线性导电系数和材料制备成本上具有明显的进步和优势，能够更好地满足当前武器装备实际应用中对环境自适应电磁防护材料的性能需求。

综上所述，GNPs-CNTs-ZnO填料中GO与酸化CNTs质量比（GO+酸化CNTs）与$Zn(AC)_2 \cdot 2H_2O$的质量比是影响GNPs-CNTs-ZnO/ER复合材料伏安特性的重要影响因素，通过调节这2种质量比能够使复合材料样品表现出明显且稳定的可重复非线性导电行为，具有很高的灵活性和可调控性，且所需的填料质量分数仅为GNPs-ZnO/ER复合材料的10%，大大节约了材料的制作成本和周期。经过对多样品多批次的伏安特性测试，当GO与酸化CNTs质量比为1∶1时，复合材料样品（（GO+酸化CNTs）与$Zn(AC)_2 \cdot 2H_2O$质量比为1∶6.67和1∶10）拥有较大的非线性导电系数和最稳定的可重复性，其特性能够更好地满足武器装备电磁防护的实际需要。

7.5 氧化锌包覆石墨烯-碳纳米管/环氧树脂复合材料场致导电机理分析

本节以聚合物基填充型复合材料和金属氧化物半导体非线性导电机制的相关理论为基础，结合GNPs-CNTs-ZnO/ER样品的表征和伏安特性测试结果以及前文对GNPs-ZnO/ER复合材料非线性导电机理的分析总结，对GNPs-CNTs-ZnO/ER复合材料的可重复非线性导电机理进行讨论和分析，为可重复非线性导电行为形成机理的分析研究及其性能的后续改进提供理论依据。

由GNPs-CNTs-ZnO纳米复合粒子的表征结果可知，ZnO纳米粒子良好地包覆在了GNPs-CNTs复合粒子表面，并与GNPs发生了较为强力的连接，所以GNPs-CNTs复合粒子和ZnO形成了等势模型，使得GNPs-CNTs复合粒子上处于费米能级的自由电子能够在外加电压的作用下跃迁到ZnO粒子上，然后跃迁到ZnO粒子上的自由电子可以直接传递到与之相接触的ZnO粒子，或者穿过相邻ZnO粒子间少量足够薄的环氧树脂层（<10 nm）传递到相邻的ZnO粒子。由此可知，与GNPs-ZnO/ER复合材料类似，GNPs-CNTs-ZnO/ER复合材料中的导电通路主要由GNPs-ZnO、CNTs-ZnO异质结和少量ZnO-ER-ZnO单元两部分构成。

GNPs-CNTs-ZnO/ER复合材料是指将ZnO纳米粒子包覆在改性后的GNPs-CNTs复合粒子表面并掺杂于环氧树脂基体所制备的聚合物基填充型复合材料。如图7-17所示，与GNPs-ZnO/ER复合材料类似，GNPs-CNTs-ZnO/ER复合材料中的基本结构单元模型包括GNPs-CNTs -ZnO-ZnO-GNPs-CNTs复合粒子单元和ZnO-ER-ZnO单元2种。其中前者是指复合材料中的GNPs-CNTs-ZnO复合粒子之间发生直接接触，因为ZnO纳米粒子的带宽远大于GNPs的带宽，所以在GNPs-CNTs复合粒子与ZnO的界面上形成了类似“导体-半导体”异质结中的肖特基势垒结构，使得虽然在复合材料内部形成了局部的导电网络,但由于 ZnO 对 GNPs-CNTs 复合粒子的良好包覆所产生的广泛的肖特基势垒,导致此类单元在常态下仍然保持着高阻绝缘特性,而且允许在外界电压的作用下发生量子隧道效应和电子跃迁,使得电子能够实现 GNPs 与 ZnO 间的转移;而 ZnO-ER-ZnO 单元是指在少量相邻的 GNPs-CNTs-ZnO 复合粒子之间隔有一层非常薄的环氧树脂基体(<10 nm),形成了类似于"半导体-绝缘体-半导体"的对称双肖特基势垒,电子无法在 GNPs-CNTs-ZnO 复合粒子之间直接传递,又因为半导体 ZnO 粒子在常态下的高阻特性,所以此类单元需要在更强的外部场强下激发电子,实现电子在 GNPs-CNTs-ZnO 复合粒子之间矩形势垒的转移,从而大幅度提高了复合材料的电导率。特别需要注意的是,如图 7-17 和前文表征结果所示,由于 CNTs 的加入,其超高的长径比使得 GNPs-CNTs-ZnO 复合粒子之间更易发生直接接触并形成导电通道,与 GNPs-ZnO/ER 复合材料相比其内部的 ZnO-ER-ZnO 单元(间接接触)数量大大减少,导致 GNPs-CNTs-ZnO/ER 复合材料内部的电子转移更易发生,从而使得表现出相同可重复场致开关效应时,GNPs-CNTs-ZnO/ER 复合材料所需的填料质量分数仅为 GNPs-ZnO/ER 复合材料的 10%。

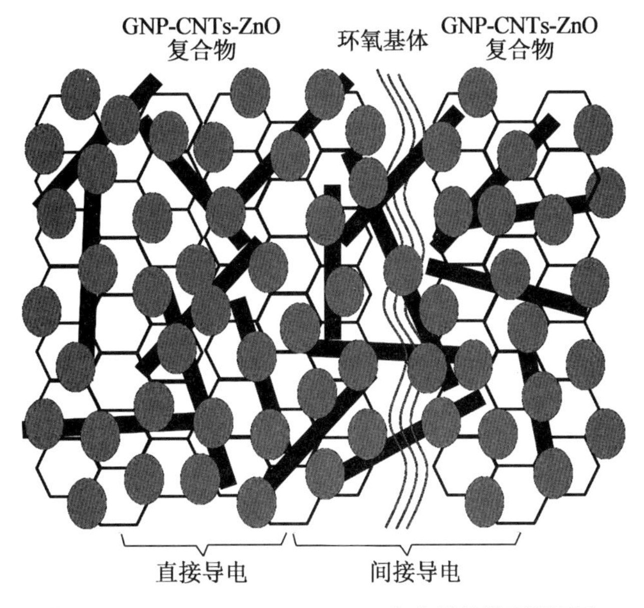

图 7-17　GNPs-CNTs-ZnO/ER 复合材料微观模型图

研究表明,在外加电压较低时,GNPs-CNTs-ZnO/ER 复合材料内的总电流 I 很小,复合材料宏观表现为绝缘体;随着外加电压增大到接近某一阈值时,因为 GNPs-CNTs-ZnO/ER 复合材料内的量子隧道效应和电子跃迁效应增大,总电流 I 会发生突变,复合材料在短时间内转变为导体,即在宏观上发生了非线性导电行为。由此可知,GNPs-CNTs-ZnO/ER 复合材料内两种结构单元(GNPs-CNTs-ZnO-ZnO-GNPs-CNTs 复合粒子异质结和 ZnO-ER-ZnO 单元)的双肖特基势垒所产生的量子隧道效应和电子跃迁效应是非线性导电行为产生的主要原因。

GNPs-CNTs-ZnO/ER 复合材料在外部高场强下的内部电子传递对称结构如图 7-18 所示,当复合材料中 GNPs-CNTs-ZnO 复合粒子中各组成部分的质量分数和填料质量分数达到合适的数值时，有效导电通路的形成与外部高场强下微薄环氧树脂基体的势垒隧道效应和电子跃迁效应两者的共同作用，使得电子能够在 GNPs-CNTs-ZnO 复合粒子之间实现传递和跃迁。并且与 GNPs-ZnO/ER 复合材料类似，由于 ZnO 粒子的半导体导电特性，即便少量微薄环氧树脂绝缘层在高压焦耳热作用下发生不可逆的相变后，当外部场强下降后包覆在 GNPs-CNTs 复合粒子表面的 ZnO 纳米粒子能够继续阻断电子的传递，使得复合材料能够恢复为高阻绝缘状态，从而使得 GNPs-CNTs-ZnO/ER 复合材料不仅具有明显的非线性导电特性，还具有良好的可重复性。同时，由于 CNTs 的加入，作为具有高导电性的桥梁，其超高的长径比使得 GNPs-CNTs-ZnO 复合粒子之间更易发生直接接触，能够有效提高自由电子在 GNPs-CNTs-ZnO 复合粒子的传递概率，大大减少复合材料发生非线性导电行为所需的填料质量分数。

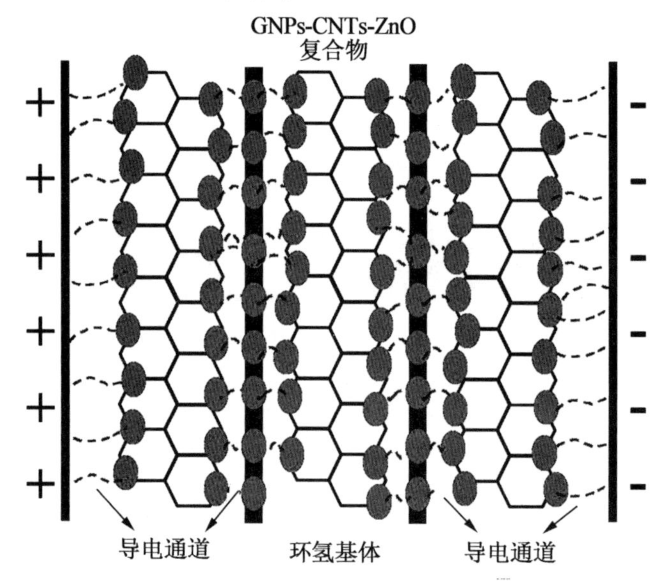

图 7-18 高场强下 GNPs-CNTs-ZnO/ER 复合材料电子传递对称结构

综上所述，GNPs-CNTs-ZnO/ER 复合材料在合适的填料填充浓度、GO 与酸化 CNTs 质量比、(GO+酸化 CNTs)与 $Zn(AC)_2 \cdot 2H_2O$ 质量比和外部场强下能表现出良好的可重复场致开关效应，其非线性导电机理是导电通道理论和量子隧道效应理论的综合作用，主要受到填料特性、填充浓度、组成部分质量比和外界电压等因素的复合影响，而且由于具有超高长径比的 CNTs 的加入，使得 GNPs-CNTs-ZnO/ER 复合材料内部填料间的连接更加紧密，有效解决了 GNPs-ZnO/ER 复合材料发生场致开关效应时所需填料质量分数过大的问题，大大降低了复合材料的制作成本和周期，并提供了更多的变量参数来对复合材料的非线性导电特性进行调控。

参 考 文 献

[1] 沈冬远，武丹丹，马谢. 当前电磁安全面临的形势及发展建议[J]. 信息安全与通信保密，2020，18(2)：115-121.

[2] 赵鸿燕. 国外高功率微波武器发展研究[J]. 航空兵器，2018，25(5)：21-28.

[3] 张龙，田明宏，宋正鑫. 雷达装备强电磁脉冲防护现状及发展考虑[J/OL]. 现代雷达，2020：1-11. (2020-01-15). https://kns.cnki.net/kcms/detail/32.1353.TN.20200115.0937.004.html.

[4] 刘洋，程立. 电磁脉冲防护技术研究现状[J]. 材料导报，2016，30(S2)：272-275.

[5] 郑生全，邓峰，王冬冬，等. 电子设备和系统射频通道高功率微波电磁脉冲场—路综合防护方法综述[J]. 中国舰船研究，2015，10(2)：7-14.

[6] 杨成，黄贤俊，刘培国. 基于能量选择表面的电磁防护新方法[J]. 河北科技大学学报，2011，32(S2)：81-84.

[7] 刘翰青，刘培国，王轲，等. 一种基于二氧化钒的新型能量选择表面[J]. 微波学报，2016，32(S2)：533-536.

[8] 刘嘉玮，王建江，许宝才. 场致电阻材料在强电磁脉冲防护中的应用展望[J]. 功能材料，2017，48(10)：10029-10035.

[9] 罗明海，徐马记，黄其伟，等. VO2 金属-绝缘体相变机理的研究进展[J]. 物理学报，2016，65(4)：5-12.

[10] 王泽霖，张振华，赵喆，等. 电触发二氧化钒纳米线发生金属-绝缘体转变的机理[J]. 物理学报，2018，67(17)：240-248.

[11] 孙肖宁，曲兆明，王庆国，等. 电场诱导二氧化钒绝缘-金属相变的研究进展[J]. 物理学报，2019，68(10)：233-242.

[12] 郑强，沈烈，李文春，等. 导电粒子填充 HDPE 复合材料的非线性导电特性与标度行为[J]. 科学通报，2004，49(22)：2257-2267.

[13] CHEN Q Y, GAO J, DAI K, et al. Nonlinear current-voltage characteristics of conductive polyethylene composites with carbon black filled petmicrofibrils[J]. Chinese Journal of Polymer Science, 2013, 31(2): 211-217.

[14] LIN H F, LU W, CHEN G H. Nonlinear DC conduction behavior in epoxy resin/graphite nanosheetscomposites[J]. Physica B: Condensed Matter, 2007, 400(1/2): 229-236.

[15] 郭文敏，韩宝忠，李忠华. 聚乙烯/碳化硅复合材料的非线性电导特性的研究[J].

功能材料, 2010, 41(3): 436-438.

[16] YANG W H, WANG J, LUO S B, et al. ZnO-decorated carbon nanotube hybrids as fillers leading to reversible nonlinear I-V behavior of polymer composites for device protection[J]. ACS Applied Materials & Interfaces, 2016, 8(51): 35545-35551.

[17] LU P, QU Z M, WANG Q G, et al. Conductive switching behavior of epoxy resin/micron-aluminum particles composites[J]. E-Polymers, 2018, 18(1): 85-89.

[18] YUAN Y, QU Z M, WANG Q G, et al. The nonlinear *I-V* behavior of graphene nanoplatelets/epoxy resin composites obtained by different processingmethods[J]. Journal of Inorganic and Organometallic Polymers and Materials, 2019, 29(4): 1198-1204.

[19] 赵世阳, 王庆国, 曲兆明, 等. AgNWs/PVA 复合材料的非线性导电特性[J]. 高电压技术, 2018, 44(10): 3328-3332.

[20] 王庆国, 曲兆明, 卢聘, 等. 导电粒子填充型聚合物的场致开关性能[J]. 安全与电磁兼容, 2018(4): 21-24.

[21] 叶琳, 邓思杨. 石墨烯在复合材料领域的应用研究[J]. 新材料产业, 2019(11): 25-27.

[22] GUO Y M, YI D Q, LIU H Q, et al. Mechanical properties and conductivity of graphene/Al-8030 composites with directional distribution of graphene[J]. Journal of Materials Science, 2020, 55(8): 3314-3328.

[23] LU X B, STEPANOV P, YANG W, et al. Superconductors, orbital magnets and correlated states in magic-angle bilayer graphene[J]. Nature, 2019, 574(7780): 653-657.

[24] CHEN G R, SHARPE A L, GALLAGHER P, et al. Signatures of tunable superconductivity in a trilayer graphene moiré superlattice [J]. Nature, 2019, 572: 215-219.

[25] GEIM A K, NOVOSELOV K S. The rise of graphene [J]. Nature Materials, 2007, 6: 183-191.

[26] NOVOSELOV K S, GEIM A K, MOROZOV S V, et al. Electric field effect in atomically thin carbonfilms[J]. Science, 2004, 306(5696): 666-669.

[27] 王雷. 石墨烯三维复合材料的制备及其微波吸收性能研究[D]. 西安: 西北工业大学, 2014.

[28] BIANCO A, CHENG H M, ENOKI T, et al. All in the graphene family-a recommended nomenclature for two-dimensional carbonmaterials[J]. Carbon, 2013, 65: 1-6.

[29] Li X S, CAI W W, AN J, et al. Large-area synthesis of high-quality and uniform graphene films on copper foils[J]. Science, 2009, 324(5932): 1312-1314.

[30] 王婧. 石墨烯的表面修饰及石墨烯/环氧树脂复合材料性能的研究[D]. 天津: 天津工业大学, 2016.

[31] MEYER J C, GEIM A K, KATSNELSON M I, et al. The structure of suspended graphenesheets[J]. Nature, 2007, 446(7131): 60-63.

[32] PARTOENS B, PEETERS F M. From graphene to graphite: Electronic structure around the *K* point[J]. Physical Review B, 2006, 74(7): 075404.

[33] FASOLINO A, LOS J H, KATSNELSON M I. Intrinsic ripples in graphene[J]. Nature Materials, 2007, 6(11): 858-861.

[34] BERGER C, SONG Z M, LI X B, et al. Electronic confinement and coherence in patterned epitaxialgraphene[J]. Science, 2006, 312(5777): 1191-1196.

[35] WU J S, PISULA W, MÜLLEN K. Graphenes as potential material forelectronics[J]. Chemical Reviews, 2007, 107(3): 718-747.

[36] KATSNELSON M I. Graphene: Carbon in twodimensions[J]. Materials Today, 2007, 10(1/2): 20-27.

[37] NOVOSELOV K S, JIANG Z, ZHANG Y, et al. Room-temperature quantum Hall effect in graphene[J]. Science, 2007, 315(5817): 1379.

[38] ZHANG Y B, TAN Y W, STORMER H L, et al. Experimental observation of the quantum hall effect and berry's phase in graphene[J]. Nature, 2005, 438(7065): 201-204.

[39] DU X, SKACHKO I, BARKER A, et al. Approaching ballistic transport in suspendedgraphene[J]. Nature Nanotechnology, 2008, 3(8): 491-495.

[40] BOLOTIN K I, SIKES K J, JIANG Z, et al. Ultrahigh electron mobility in suspendedgraphene[J]. Solid State Communications, 2008, 146(9/10): 351-355.

[41] STRIKHA M V, KURCHAK A I, MOROZOVSKA A N. Integer quantum hall effect in graphene channel with p-n junction at domain wall in ferroelectric substrate[EB/OL]. 2018: 1802.07764. http://arxiv.org/abs/1802.07764v1.

[42] 王舟. 环氧树脂/氧化石墨烯纳米复合材料的制备和表征[D]. 北京: 北京化工大学, 2010.

[43] STANKOVICH S, DIKIN A, PINER R D. Synthesis of graphene-based nanosheets via chemical reduction of exfoliated graphiteoxide[J]. Carbon,2007,45(7):1558-1565.

[44] 许丹, 隋刚, 杨青, 等. 石墨烯微片表面接枝 PMMA 及其环氧树脂复合材料性能[J]. 复合材料学报, 2014, 31(2): 368-374.

[45] 樊玮, 张超, 刘天西. 石墨烯/聚合物复合材料的研究进展[J]. 复合材料学报, 2013, 30(1): 14-21.

[46] FACCIO R, DENIS P A, PARDO H, et al. Mechanical properties of graphene nanoribbons[J]. Journal of Physics: Condensed Matter, 2009, 21: 285304.

[47] LEE C G, WEI X D, KYSAR J W, et al. Measurement of the elastic properties and intrinsic strength of monolayer graphene[J]. Science, 2008, 321(5887): 385-388.

[48] BALANDIN A A, GHOSH S, BAO W Z, et al. Superior thermal conductivity of single-layer graphene[J]. Nano Letters, 2008, 8(3): 902-907.

[49] GHOSH S, CALIZO I, TEWELDEBRHAN D, et al. Extremely high thermal conduc-

tivity of graphene: Prospects for thermal management applications in nanoelectroniccircuits[J]. Applied Physics Letters, 2008, 92(15): 151911.

[50] ZHONG W R, ZHANG M P, AI B Q, et al. Chirality and thickness-dependent thermal conductivity of few-layer graphene: A molecular dynamicsstudy[J]. Applied Physics Letters, 2011, 98(11):1-3.

[51] 胡成龙, 高波, 周英伟. 石墨烯制备方法研究进展[J]. 功能材料, 2018, 49(9): 9001-9006.

[52] ZHOU Y S, XIONG W, PARK J, et al. Laser-assisted nanofabrication of carbon nanostructures[J]. Journal of Laser Applications, 2012, 24(4):1-19.

[53] OHASHI Y, KOIZUMI T, YOSHIKAWA T, et al. Size effect in the in-plane electrical resistivity of very thin graphitecrystals[J]. Carbon, 1998, 36(4): 475-476.

[54] 段淼, 李四中, 陈国华. 机械法制备石墨烯的研究进展[J]. 材料工程, 2013, 41(12): 85-91.

[55] 王天博. 胶带粘黏法制备石墨烯存在的问题探讨[J]. 甘肃科技, 2017, 33(23): 55-57.

[56] 王彦. 石墨烯的制备及其在聚合物复合材料中的应用[D]. 上海: 上海交通大学, 2012.

[57] 祁帅, 黄国强. 液相剥离法制备石墨烯的新进展[J]. 材料导报, 2017, 31(17): 34-40.

[58] 袁小亚. 石墨烯的制备研究进展[J]. 无机材料学报, 2011, 26(6): 561-570.

[59] 张毅. 超重力法液相直接剥离法制备石墨烯[D]. 北京: 北京化工大学, 2016.

[60] HERNANDEZ Y, NICOLOS V, LOTYA M, et al. High-yield production of graphene by liquid-phase exfoliation of graphite[J]. Nature Nanotechnology, 2008, 3(9): 563-568.

[61] PU N W, WANG C G, SUNG Y, et al. Production of few-layer graphene by supercritical CO_2 exfoliation of graphite[J]. Materials Letters, 2009, 63(23): 1987-1989.

[62] 吴洪鹏. 石墨烯的制备及在超级电容器中的应用[D]. 北京: 北京交通大学, 2012.

[63] KOSYNKII D V, HIGGINBOTHAM A L, SINITSKII A, et al. Longitudinal unzipping of carbon nanotubes to form graphene nanoribbons[J]. Nature, 2009, 458(7240): 872-876.

[64] 陈小龙, 黄青松, 王文军, 等. 在碳化硅(SiC)基底上外延生长石墨烯的方法: CN101798706B[P]. 2014-04-02.

[65] 邹鹏, 石文荣, 杨书华, 等. 石墨烯的化学气相沉积法制备及其表征[J]. 材料科学与工程学报, 2014, 32(2): 264-267.

[66] 尹婕. 晶态碳基低 Pt 催化剂的合成及其在燃料电池中的应用[D]. 哈尔滨: 黑龙江大学, 2014.

[67] 左康华. 改性石墨烯及其复合材料的制备[D]. 北京：北京化工大学，2013.

[68] 刘华山，吕建，雷圆，等. 改性氧化石墨烯/不饱和聚酯复合材料的性能研究[J]. 热固性树脂，2015，30(2)：35-41.

[69] 于兰. 石墨烯含能化功能改性研究[D]. 北京：北京理工大学，2015.

[70] SCHÜTT W，GRÜTTNER C，HÄFELI U，et al. Applications of magnetic targeting in diagnosis and therapy：Possibilities and limitations：A mini-review[J]. Hybridoma，1997，16(1)：109-117.

[71] SCHNIEPP H C，LI J L，MCALLISTER M J，et al. Functionalized single graphene sheets derived from splitting graphite oxide[J]. The Journal of Physical Chemistry B，2006，110(17)：8535-8539.

[72] SALAVAGIONE H J，GÓMEZ M A，MARTÍNEZ G. Polymeric modification of graphene through esterification of graphite oxide and poly(vinyl alcohol)[J]. Macromolecules，2009，42(17)：6331-6334.

[73] XU Y F，LIU Z B，ZHANG X L，et al. A graphene hybrid material covalently functionalized with porphyrin：Synthesis and optical limitingproperty[J]. Advanced Materials，2009，21(12)：1275-1279.

[74] LOH K P，BAO Q L，ANG P K，et al. The chemistry of graphene[J]. Journal of Materials Chemistry，2010，20(12)：2277.

[75] DREYER D R，PARK S，BIELAWSKI C W，et al. The chemistry of graphene oxide [J]. Chemical Society Reviews，2010，39(1)：228-240.

[76] STANKOVICH S，PINER R D，NGUYEN S T，et al. Synthesis and exfoliation of isocyanate-treated graphene oxide nanoplatelets[J]. Carbon，2006，44(15)：3342-3347.

[77] SHAN C S，YANG H F，HAN D X，et al. Water-soluble graphene covalently functionalized by biocompatible poly-L-lysine[J]. Langmuir，2009，25(20)：12030-12033.

[78] 李拯. 氧化石墨烯/环氧树脂复合材料的界面改性与性能研究[D]. 哈尔滨：哈尔滨工业大学，2013.

[79] 孙华明. 石墨烯基复合材料的制备表征和性能研究[D]. 西安：陕西师范大学，2012.

[80] 张鑫. 石墨烯/铜复合材料的制备及其性能研究[D]. 长沙：湖南大学，2019.

[81] BAI H，XU Y X，ZHAO L，et al. Non-covalent functionalization of graphene sheets by sulfonated polyaniline[J]. Chemical Communications，2009(13)：1667-1669.

[82] JO K，LEE T，CHOI H J，et al. Stable aqueous dispersion of reduced graphene nanosheets via non-covalent functionalization with conducting polymers and application in transparent electrodes[J]. Langmuir，2011，27(5)：2014-2018.

[83] LIANG J J，WANG Y，HUANG Y，et al. Electromagnetic interference shielding of

graphene/epoxycomposites[J]. Carbon, 2009, 47(3): 922-925.
[84] TANG L C, WAN Y J, YAN D, et al. The effect of graphene dispersion on the mechanical properties of graphene/epoxycomposites[J]. Carbon, 2013, 60: 16-27.
[85] SHEN X J, LIU Y, XIAO H M, et al. The reinforcing effect of graphene nanosheets on the cryogenic mechanical properties of epoxyresins[J]. Composites Science and Technology, 2012, 72(13): 1581-1587.
[86] HU H T, WANG X B, WANG J C, et al. Preparation and properties of graphene nanosheets-polystyrene nanocomposites via in situ emulsion polymerization[J]. Chemical Physics Letters, 2010, 484(4/5/6): 247-253.
[87] 郑余晨, 俞科静, 钱坤, 等. 碳纳米管/酸化石墨烯杂化材料及其环氧树脂复合材料拉伸力学性能的研究[J]. 玻璃钢/复合材料, 2013(2): 69-73.
[88] 任璐璐. 石墨烯纳米复合材料的制备、结构及性能研究[D]. 上海: 复旦大学, 2012.
[89] 王永凯. 石墨烯/环氧树脂基复合材料的制备与性能研究[D]. 郑州: 郑州大学, 2013.
[90] MCALLISTER M J, LI J L, ADAMSON D H, et al. Single sheet functionalized graphene by oxidation and thermal expansion of graphite[J]. Chemistry of Materials, 2007, 19(18): 4396-4404.
[91] FAN H L, WANG L L, ZHAO K K, et al. Fabrication, mechanical properties, and biocompatibility of graphene-reinforced chitosancomposites[J]. Biomacromolecules, 2010, 11(9): 2345-2351.
[92] ANDREWS R, JACQUES D, MINOT M, et al. Fabrication of carbon multiwall nanotube/polymer composites by shearmixing[J]. Macromolecular Materials and Engineering, 2002, 287(6): 395.
[93] RIBEIRO H, DA SILVA W M, NEVES J C, et al. Multifunctional nanocomposites based on tetraethylenepentamine-modified graphene oxide/epoxy[J]. Polymer Testing, 2015, 43: 182-192.
[94] 陈艳华. 聚合物/石墨烯纳米复合材料制备与性能研究[D]. 苏州: 苏州大学, 2013.
[95] 孙业斌, 张新民. 填充型导电高分子材料的研究进展[J]. 特种橡胶制品, 2009, 30(3): 73-78.
[96] 陈杰. 调控碳纳米管分布制备共混物导电复合材料的研究[D]. 成都: 西南交通大学, 2014.
[97] 王飞风, 张沛红, 高铭泽. 纳米碳化硅/硅橡胶复合物非线性电导特性研究[J]. 物理学报, 2014, 63(21): 364-371.
[98] CHODAK I, KRUPA I. "Percolation effect" and mechanical behavior of carbon black filled polyethylene[J]. Journal of Materials Science Letters, 1999, 18(18): 1457

-1459.

[99] PANWAR V, SACHDEV V K, MEHRA R M. Insulator conductor transition in low-density polyethylene-graphitecomposites[J]. European Polymer Journal, 2007, 43(2): 573-585.

[100] XIONG Z Y, ZHANG B Y, WANG L, et al. Modeling the electrical percolation of mixed carbon fillers in polymer blends[J]. Carbon, 2014, 70: 233-240.

[101] SHEN J T, BUSCHHORN S T, DE HOSSON J T M, et al. Pressure and temperature induced electrical resistance change in nano-carbon/epoxy composites[J]. Composites Science and Technology, 2015, 115: 1-8.

[102] ZHOU L C, LIN J S, LIN H F, et al. Electrical-thermal switching effect in high-density polyethylene/graphite nanosheets conducting composites[J]. Journal of Materials Science, 2008, 43(14): 4886-4891.

[103] GELVESG, LIN B, SUNDARARAJ U, et al. Low electrical percolation threshold of silver and copper nanowires in polystyrene composites[J]. Advanced Functional Materials, 2006, 16(18): 2423-2430.

[104] AMELI A, NOFAR M, PARK C B, et al. Polypropylene/carbon nanotube nano/microcellular structures with high dielectric permittivity, low dielectric loss, and low percolation threshold[J]. Carbon, 2014, 71: 206-217.

[105] KIRKPATRICK S. Percolation andconduction[J]. Reviews of Modern Physics, 1973, 45(4): 574-588.

[105] AHARONI S M. Electrical resistivity of a composite of conducting particles in an insulatingmatrix[J]. Journal of Applied Physics, 1972, 43(5): 2463-2465.

[107] BUECHE F. A new class of switchingmaterials[J]. Journal of Applied Physics, 1973, 44(1): 532-533.

[108] JANZEN J. On the critical conductive filler loading in antistatic composites[J]. Journal of Applied Physics, 1975, 46(2): 966-969.

[109] ZALLEN R. The physics of amorphous solids[M]. New York:Wiley, 1983.

[110] SUMITA M, ASAI S, MIYADERA N, et al. Electrical conductivity of carbon black filled ethylene-vinyl acetate copolymer as a function of vinyl acetate content[J]. Colloid and Polymer Science, 1986, 264(3): 212-217.

[111] SUMITA M, SAKATA K, ASAI S, et al. Dispersion of fillers and the electrical conductivity of polymer blends filled with carbon black[J]. Polymer Bulletin, 1991, 25(2): 265-271.

[112] SUMITA M, TAKENAKA K, ASAI S. Characterization of dispersion and percolation of filled polymers: Molding time and temperature dependence of percolation time in carbon black filled low density polyethylene[J]. Composite Interfaces, 1995, 3(3): 253-262.

[113] MIYASAKA K, WATANABE K, JOJIMA E, et al. Electrical conductivity of carbon-polymer composites as a function of carbon content[J]. Journal of Materials Science, 1982, 17(6): 1610-1616.

[114] WESSLING B. Electrical conductivity in heterogenous polymer systems (IV)[1] a new dynamic interfacial percolation model[J]. Synthetic Metals, 1988, 27(1/2): A83-A88.

[115] WESSLING B. Electrical conductivity in heterogeneous polymer systems. V (1): Further experimental evidence for a phase transition at the critical volumeconcentration [J]. Polymer Engineering & Science, 1991, 31(16): 1200-1206.

[116] 卢金荣, 吴大军, 陈国华. 聚合物基导电复合材料几种导电理论的评述[J]. 塑料, 2004, 33(5): 43-47.

[117] 杨铨铨, 梁基照. 高分子基导电复合材料非线性导电行为及其机理(Ⅰ): 导电通道理论[J]. 上海塑料, 2009(4): 1-8.

[118] MCLACHLAN D S. Equation for the conductivity of metal-insulator mixtures[J]. Journal of Physics C: Solid State Physics, 1985, 18(9): 1891-1897.

[119] MCLACHLAN D S. Equations for the conductivity of macroscopic mixtures[J]. Journal of Physics C: Solid State Physics, 1986, 19(9): 1339-1354.

[120] POLLEY M H, BOONSTRA B B S T. Carbon blacks for highly conductive rubber [J]. Rubber Chemistry and Technology, 1957, 30(1): 170-179.

[121] 梁基照, 杨铨铨. 高分子基导电复合材料非线性导电行为及其机理(Ⅱ)量子力学隧道效应理论[J]. 上海塑料, 2010(1): 1-5.

[122] SHENG P, SICHEL E K, GITTLEMAN J I. Fluctuation-induced tunneling conduction in carbon-polyvinylchloride composites[J]. Physical Review Letters, 1978, 40(18): 1197-1200.

[123] SHENG P. Fluctuation-induced tunneling conduction in disorderedmaterials[J]. Physical Review B, 1980, 21(6): 2180-2195.

[124] KAISER A B, PARK Y W. Current-voltage characteristics of conducting polymers and carbonnanotubes[J]. Synthetic Metals, 2005, 152(1/2/3): 181-184.

[125] SIMMONS J G. Generalized formula for the electric tunnel effect between similar electrodes separated by a thin insulating film[J]. Journal of Applied Physics, 1963, 34(6): 1793-1803.

[126] VAN BEEK L K H, VAN PUL B I C F. Internal field emission in carbon black-loaded natural rubber vulcanizates[J]. Journal of Applied Polymer Science, 1962, 6(24): 651-655.

[127] 叶明泉, 贺丽丽, 韩爱军. 填充复合型导电高分子材料导电机理及导电性能影响因素研究概况[J]. 化工新型材料, 2008, 36(11): 13-15.

[128] ELHAD KASSIM S A, ACHOUR M E, COSTA L C, et al. Prediction of the DC elec-

trical conductivity of carbon black filled polymer composites[J]. Polymer Bulletin, 2015, 72(10): 2561-2571.

[129] WANG J, YU S H, LUO S B, et al. Investigation of nonlinear *I-V* behavior of CNTs filled polymer composites[J]. Materials Science and Engineering: B, 2016, 206: 55-60.

[130] 韩宝忠, 郭文敏, 李忠华. 碳化硅/硅橡胶复合材料的非线性电导特性[J]. 功能材料, 2008, 39(9): 1490-1493.

[131] 郭文敏, 韩宝忠, 李忠华. 电场处理对碳化硅/聚合物复合材料电导特性的影响[J]. 功能材料, 2009, 40(10): 1650-1653.

[132] 郭文敏, 李忠华. 聚乙烯基非线性复合材料的电导特性及机理[C]//第十三届全国工程电介质学术会议论文集. 2011.

[133] LU W, LIN H F, CHEN G H. Voltage-induced resistivity relaxation in a high-density polyethylene/graphite nanosheet composite[J]. Journal of Polymer Science Part B, 2007, 45: 860-863.

[134] 卢伟. 电场诱导聚合物(HDPE、UPR)/纳米石墨复合材料的非线性导电行为[D]. 泉州: 华侨大学, 2006.

[135] 林鸿飞. 电场诱导不饱和树脂/盐酸掺杂聚苯胺导电复合材料的非线性导电行为[D]. 泉州: 华侨大学, 2008.

[136] 周丽春. 电场作用下高密度聚乙烯/纳米石墨微片导电复合材料非线性导电行为研究[D]. 泉州: 华侨大学, 2009.

[137] 冯红彬. 石墨烯及其复合材料的制备、性质及应用研究[D]. 合肥: 中国科学技术大学, 2013.

[138] WANG Z P, NELSON J K, HILLBORG H, et al. Graphene oxide filled nanocomposite with novel electrical and dielectric properties[J]. Advanced Materials, 2012, 24(23): 3134-3137.

[139] ALESHIN A N, KRYLOV P S, BERESTENNIKOV A S, et al. The redox nature of the resistive switching in nanocomposite thin films based on graphene (graphene oxide) nanoparticles andpoly(9-vinylcarbazole)[J]. Synthetic Metals, 2016, 217: 7-13.

[140] 邹慰亲, 王春凤, 邹欣平, 等. 复合材料导电开关特性的研究[J]. 广东民族学院学报, 1997(4): 36-40.

[141] 邹慰亲, 夏威, 黄学雄. 导电开关型复合材料受 γ 辐射效应的研究[J]. 广东民族学院学报, 1998(4): 31-37.

[142] KWAN S H, SHIN F G, TSUI W L. Direct current electrical conductivity of silver-thermosetting polyester composites[J]. Journal of Materials Science, 1980, 15(12): 2978-2984.

[143] KIESOW A, MORRIS J E, RADEHAUS C, et al. Switching behavior of plasma poly-

mer films containing silver nanoparticles[J]. Journal of Applied Physics, 2003, 94(10): 6988-6990.

[144] XU Z D, GAO M, YU L N, et al. Co nanoparticles induced resistive switching and magnetism for the electrochemically deposited polypyrrole composite films[J]. ACS Applied Materials & Interfaces, 2014, 6(20): 17823-17830.

[145] STASSI S, CANAVESE G. Spiky nanostructured metal particles as filler of polymeric composites showing tunable electrical conductivity[J]. Journal of Polymer Science Part B: Polymer Physics, 2012, 50(14): 984-992.

[146] WHITE S I, VORA P M, KIKKAWA J M, et al. Resistive switching in bulk silver nanowire-polystyrene composites[J]. Advanced Functional Materials, 2011, 21(2): 233-240.

[147] WHITE S I, MUTISO R M, VORA P M, et al. Electrical percolation behavior in silver nanowire-polystyrene composites: Simulation and experiment[J]. Advanced Functional Materials, 2010, 20(16): 2709-2716.

[148] HICKMOTT T W. Low-frequency negative resistance in thin anodic oxide films[J]. Journal of Applied Physics, 1962, 33(9): 2669-2682.

[149] 刘晨阳, 郑晓泉, 别成亮. 掺杂ZnO/环氧树脂基体的制备及其非线性电导改性研究[J]. 电工技术学报, 2016, 31(12): 24-30.

[150] 魏琳琳. 过渡族金属氧化物基阻变器件电阻转变特性及其机理研究[D]. 武汉: 武汉理工大学, 2013.

[151] 郭文敏, 韩宝忠, 李忠华. 影响低密度聚乙烯/氧化锌复合材料场致电导因素的研究[J]. 功能材料, 2009, 40(6): 943-945.

[152] 李秀玲, 康鑫, 李爱君. 晶体结构对TiO_2薄膜电致电阻效应的影响[J]. 河北师范大学学报(自然科学版), 2014, 38(2): 156-161.

[153] 李建昌, 王玉磊, 侯雪艳, 等. 氧化镍溶胶-凝胶薄膜阻变特性研究[J]. 真空科学与技术学报, 2013, 33(6): 567-572.

[154] 贾湘江. ZnO/$BiFeO_3$双层膜电阻开关特性的研究[D]. 重庆: 西南大学, 2017.

[155] 吴玠. 静电放电电磁脉冲辐射干扰分析与防护[D]. 南京: 南京师范大学, 2017.

[156] 李鹏飞, 张春龙, 吕东波, 等. 多脉冲雷电冲击下金属氧化物的破坏形式[J]. 高电压技术, 2017, 43(11): 3792-3799.

[157] 亓钧雷. 碳纳米管、碳纳米片、石墨烯及其复合物的制备和场发射性能的研究[D]. 长春: 吉林大学, 2010.

[158] 邵双双. 石墨烯/氧化锌复合薄膜的制备及其场发射性能研究[D]. 成都: 电子科技大学, 2018.

[159] 杨秋转. 石墨烯的功能化及其复合材料的制备[D]. 广州: 华南理工大学, 2012.

[160] 刘芝婷. 石墨烯及其氧化物的表面结构和性质的调控[D]. 上海: 华东理工大学, 2014.

[161] JEONG H K, LEE Y P, JIN M H, et al. Thermal stability of graphite oxide[J]. Chemical Physics Letters, 2009, 470(4/5/6): 255-258.

[162] DAO T D, JEONG H M. Graphene prepared by thermal reduction-exfoliation of graphite oxide: Effect of raw graphite particle size on the properties of graphite oxide andgraphene[J]. Materials Research Bulletin, 2015, 70: 651-657.

[163] REN P G, YAN D X, JI X, et al. Temperature dependence of graphene oxide reduced by hydrazine hydrate[J]. Nanotechnology, 2011, 22(5): 055705.

[164] ZHU C Z, ZHAI J F, WEN D, et al. Graphene oxide/polypyrrole nanocomposites: One-step electrochemical doping, coating and synergistic effect for energy storage [J]. Journal of Materials Chemistry, 2012, 22(13): 6300-6306.

[165] KIM G Y, CHOI M C, LEE D, et al. 2D-aligned graphene sheets in transparent polyimide/graphene nanocomposite films based on noncovalent interactions between poly(amic acid) and graphene carboxylic acid[J]. Macromolecular Materials and Engineering, 2012, 297(4): 303-311.

[166] WU C, HUANG X Y, XIE L Y, et al. Morphology-controllable graphene-TiO_2 nanorod hybrid nanostructures for polymer composites with high dielectric performance[J]. Journal of Materials Chemistry, 2011, 21(44): 17729-17736.

[167] FERRAN A C, MEYER J C, SCARDAC V, et al. Raman spectrum of graphene and graphene layers[J]. Physical Review Letters, 2006, 97(18): 187401.

[168] NI Z H, WANG Y Y, YU T, et al. Raman spectroscopy and imaging of graphene [J]. Nano Research, 2008, 1(4): 273-291.

[169] YE S B, FENG J C, WU P Y. Highly elastic graphene oxide-epoxy composite aerogels via simple freeze-drying and subsequent routine curing[J]. Journal of Materials Chemistry A, 2013, 1(10): 3495-3502.

[170] 马文石, 周俊文, 程顺喜. 石墨烯的制备与表征[J]. 高校化学工程学报, 2010, 24(4): 719-722.

[171] ZHANG L, LIANG J J, HUANG Y, et al. Size-controlled synthesis of graphene oxide sheets on a large scale using chemical exfoliation[J]. Carbon, 2009, 47(14): 3365-3368.

[172] PILLAI S C, KELLY J M, RAMESH R, et al. Advances in the synthesis of ZnO nanomaterials for varistordevices[J]. Journal of Materials Chemistry C, 2013, 1(20): 3268-3281.

[173] WANG X, NELSON J K, SCHADLER L S, et al. Mechanisms leading to nonlinear electrical response of a nano p-SiC/silicone rubber composite[J]. IEEE Transactions on Dielectrics and Electrical Insulation, 2010, 17(6): 1687-1696.

[174] SHENG P. Pair-cluster theory for the dielectric constant of compositemedia[J]. Physical Review B, 1980, 22(12): 6364-6368.